내 아이에게 들려주는 매일 심리학

아이의
지성, 사회성,
인성을 키우는

30가지
심리
이야기

이동귀 지음

내 아이에게 들려주는 매일 심리학

니들북

멋진 어른이 되고 싶은

사랑하는 _____ 에게

뒤늦게 만학도로 심리학을 공부했습니다. 그리고 심리학을 알아 가는 순간순간 지난날의 내가 떠올라 안타까웠습니다. 공부가 괴롭다고 느끼던 그때, 회피 목표보다는 접근 목표를 세웠더라면 내 공부가 조금은 달라지지 않았을까? 내가 겪는 이 꾸물거림증이 나만의 문제가 아니라는 걸 알았더라면 그것만으로도 위안이 되지 않았을까? 내가 나를 책망해 왔던 많은 시간이 어쩌면 쓸모없는 완벽주의 때문이었다고, 지난 날의 나를 이해해주고 설명해주고 싶어 나도 모르게 탄식이 새어 나오기도 했습니다.

이제는 아이를 기르며 생각합니다. 내가 나를 몰라서 힘들었던 시간을 나의 아이들은 겪지 않았으면 좋겠다, 라고. 분명 나의 아이도 하루하루 자라나며 그만큼 힘든 때를 통과해야겠지요. 그래도 그 과정 안에 이렇게 자상한 책 한 권이 옆에 있어 준다면, 성장통을 겪으면서도 외롭지는 않을 거라는 생각에 든든해집니다.

이동귀 교수님께 배우며 가장 좋았던 것은, 교수님의 가르침 안에는 따뜻한 공감과 배려가 있다는 것이었습니다. 심리 이론 설명에 그치지 않고, 하루하루 마음이 커 나아가는 나의 아이에게 엄마가 건네고 싶은 공감과 이해의 말까지 함께 담겨 있는 이 책.
어서 아이와 나란히 앉아 같은 페이지를 넘겨 가며 함께 읽고 싶
어집니다.

최현정

들어가는 말

사람들은 다른 이들의 마음을 알고 싶어 합니다. '저 사람은 왜 저렇게 행동할까?', '저 말은 어떤 의미일까?' 그리고 심지어 '사람들은 왜 다른 사람의 마음을 궁금해할까?'에 대해서도 궁금해합니다. '왜?'라는 질문과 주변 사람들에 대한 관심은 사람이 성장하는 데 있어 중요한 발판이 됩니다.

갓난아기들은 엄마, 아빠의 반응을 통해 자신의 존재감을 확인하고, 다른 사람과 소통하는 법을 배웁니다. 아기가 울면 엄마, 아빠는 얼른 아기에게 달려갑니다. 그리고 아기는 엄마, 아빠의 표정과 따뜻한 손길을 관찰하며 자신의 상태와 엄마, 아빠의 마음을 가늠하죠. 그랬던 아기가 자라 어린이가 되면 호기심 가득한 눈으로 자신과 주변 사람, 그리고 세상에 대해 배워갑니다.

사람들의 행동을 설명하고 예측하는 학문인 심리학은 아이들이 성장하는 과정에서 궁금해하는 다양한 질문들에 대한 해답을 제공합니다. 과학적인 방법으로 사람들의 마음속에서 일어나는 일들을 설명해주는 것이죠. 아이들은 심리학을 통해 '내 기분이 지금 왜 이러지?', '그 친구가 왜 그런 행동을 했지?'처럼 일상의 관계에서 흔히 일어나는 현상을 이해함으로써 그 대처방법도 배울 수 있습니다.

이때 엄마, 아빠가 아이와 함께하면 더욱 좋습니다. 학습의 과정은 자전거 타기와 비슷합니다. 처음 자전거를 배울 때는 대개 엄마, 아빠가 뒤에서 자전거를 붙잡아주고, 아이는 "손 놓으면 안 돼!" 하며 두렵지만 엄마, 아빠를 신뢰하여 천천히 앞으로 나아갑니다. 그렇게 의지하던 아이는 어느 순간 혼자서도 자전거를 탈 수 있게 되죠.

마찬가지로 아이가 궁금해하는 것들을 알아가는 데 엄마, 아빠가 함께해주면 아이는 더욱 마음 놓고 성장할 수 있습니다. 이후 차츰 아이들의 자율성을 높여주면 아이는 마침내 스스로 문제를 해결할 수 있게 될 것입니다. 러시아의 심리학자 레프 비고츠키 *Vygotsky*는 이러한 학습방식을 '스캐폴딩*Scaffolding*(발판)'이라고 했습니다. 스캐폴딩은 부모님이 아이들에게 정서적·인지적으로 성장할 수 있는 디딤돌을 만들고 이끌어주는 것을 의미합니다.

그래서 이 책은 엄마, 아빠와 아이가 함께할 수 있도록 구성하였습니다. 아이에게 들려주듯 따뜻하고 다정한 문장으로 쓰어 엄마, 아빠가 편하게 읽어주어도 좋고, 아이가 스스로 읽어도 좋습니다. 사춘기가 빨라진 요즘 초등학교 고학년 아이들부터 한창 생각이 많은 중고등학교 학생들과 그 시기의 자녀를 둔 엄마, 아빠에게 도움이 될 만한 주제로 30가지 심리학 키워드를 담았습니다.* 꼭 순서대로 읽지 않아도 괜찮아요. 관심 가는 부분부터 하루 하나씩 읽다 보면 심리학으로 꽉 채운 한 달이 완성될 것입니다.

엄마, 아빠가 심리학을 잘 모르더라도 걱정할 필요는 없습니다. 누구나 이해하기 쉽고 재미있게 배울 수 있는 심리 실험과 실제 사건을 연결하여 개념을 설명하기 때문에 함께 알아가는 즐거움을 느낄 수 있습니다.

아이들은 모두 각기 다른 꿈을 꿉니다. 하지만 '멋진 어른이 되는 것'만은 공통된 꿈이 아닐까 싶어요. 규칙도 관계도 멘털도 아

---

* 이 30가지 이야기는 조선일보 칼럼 〈이동귀의 심리학 이야기〉에 연재되었던 것을 부모님이 아이에게 읽어주는 형식으로 새로 구성한 것입니다. 도움을 주신 분들(양지호 기자님, 김순란 차장님, 한지은 과장님, 손하림 선생)과 출판을 허락해주신 대원씨아이 출판사에 감사드립니다.

직 서툴지만 멋진 어른이 되는 꿈을 키우고 있을 아이들을 위해 이 책은 크게 세 개 파트로 구성했습니다.

첫 번째 파트는 스스로 배우고 싶은 아이에게 필요한 내용입니다. 학습과 삶을 대하는 태도에 관한 심리학 원리들을 배우면서, 계획 세우기, 끈기 키우기처럼 미래의 목표 달성에 필요한 기초를 만들 수 있습니다.

두 번째는 관계의 기본을 알고 싶은 아이를 위한 내용을 담았습니다. 친구를 사귀기도 조심스럽고 어려워하는 것이 요즘 아이들입니다. 여기서는 유대감, 소속감, 사회적 지지와 같은 관계의 기쁨을 배울 수 있습니다.

마지막 세 번째 파트는 단단한 마음을 갖고 싶은 아이를 위한 내용을 담았습니다. 멘털 관리가 어느 때보다 중요해진 시대입니다. 이 파트에서 다루고 있는 심리학 원리들은 자존감을 높이는 법, 자신을 믿는 법, 상처를 회복하는 법 등을 소개하고 있기 때문에 아이들이 평생을 지탱할 마음 중심을 잡는 데 도움이 될 것입니다.

어린 시절은 모든 기억이 새롭고 선명합니다. 아동 청소년기는 생생하고 강렬한 기억들이 촘촘하게 저장되기 때문에 좋은 습관을 기르는 것이 중요한 시기입니다. 아이들은 심리학을 통해 세상에 적응하는 데 필요한 정서적·인지적 기술을 계발할 수 있고 이러한 기술들은 행복한 삶의 디딤돌이 될 것입니다.

긍정심리학자 바버라 프레드릭슨Fredrickson은 '긍정정서의 확장 및 구축이론'을 통해, 긍정정서는 사고를 확장하고 새롭고 다양한 행동을 할 수 있도록 도와준다고 하였습니다. 엄마, 아빠와 함께했던 즐거운 시간들은 긍정적으로 확산돼 이후 아이들의 삶을 더 만족스럽고 풍요롭게 할 것입니다.

우리가 자전거를 처음 배웠던 순간을 떠올려보세요. 넘어지지 않도록 꽉 잡아준 든든한 손, 넘어져도 달려와줄 사람이 있다는 안전한 느낌, 성공한 순간 함께 환호했던 기쁨이 오랫동안 기억에 남아 있습니다.

이 책을 통해 엄마와 아빠가 아이와 함께 정서적으로 교감하고, 아이의 성장과정에 함께할 수 있으면 좋겠습니다. 잠결에 들었던 사랑 가득한 자장가처럼 이 책을 읽는 모든 시간들이 부모님과 아이들에게 그런 따뜻한 기억으로 남았으면 좋겠습니다. 당신 자신보다 저를 더 아껴주셨던 한없이 그리운 어머님께 이 책을 바칩니다.

이동귀

Contents

Part 1

스스로
배우고 싶은
아이에게

Part 2

관계의 기본을
알고 싶은
아이에게

Part 3

단단한 마음을
갖고 싶은
아이에게

Part 1

스스로

배우고 싶은

아이에게

Day
1

리셋 증후군

현실은 게임처럼
리셋할 수 없단다

얼마 전 세계 최대 동영상 사이트 '유튜브*youtube*'가 먹통이 된 일이 있었어. 겨우 90분 정도 접속 장애가 있었을 뿐인데 많은 사람들이 불만을 터뜨렸지. 이 사건으로 사람들은 자신이 얼마나 스마트폰이라는 작은 기계에 의존하고 있었는지를 되돌아보게 됐어.

너도 잘 알고 있듯이 스마트폰으로 우리는 참 다양한 활동을 할 수 있잖아. 재미있는 동영상을 찾아보거나 SNS에 댓글을 남기거나 게임을 할 수도 있지. 그러다 보니 친구들끼리 만나도 이제는 서로의 얼굴이 아니라 각자 손에 들고 있는 스마트폰 화면만 뚫어지게 보고 있다고 느낀 적이 너도 분명 있을 거야. 그래서 그런지 가끔은 이 작은 화면 속 세계가 진짜 내가 살고 있는 세상처럼 느껴지는 아이들도 있나 봐.

2018년 한 초등학교 3학년 아이가 어머니의 자동차를 몰고 나가 주차돼 있는 자동차 열 대를 망가뜨리는 사고가 났대. 경찰이 그 학생에게 어떻게 운전할 생각을 했는지 물었더니 아이 말이 평소 즐기던 자동차 게임에서 운전을 배웠다는 거야. 게임과 실제 운전은 엄연히 다른데 아이는 어떻게 그런 생각을 한 걸까? 아무리 그래픽 기술이 발전해 게임 화면이 생생하다고 해도 말이야. 이 아이가 좀 바보 같아 보일지도 모르겠지만 실제로 게임에 과도하게 빠져 가상과 현실을 구별하지 못하는 청소년들이 늘고 있어.

처음부터 다시, 리셋 증후군

이렇게 현실과 사이버 세계를 구분하지 못하는 증상을 심리학에서는 '리셋 증후군Reset Syndrome'이라고 해. 1990년 일본에서 처음 사용된 이 말은, 컴퓨터가 버벅거릴 때 리셋 버튼만 누르면 처음부터 다시 시작할 수 있는 것처럼, 현실에서도 시간을 거꾸로 되돌릴 수 있다고 착각하는 걸 의미하지. 리셋 증후군에 걸리면 현실에서 일어난 잘못도 언제든 되돌릴 수 있다고 믿게 된대. 예를 들어, 자동차 게임을 하다가 벽이나 다른 자동차와 부딪쳐본 적 있지? 그럼 자동차가 빙글빙글 돌기도 하고 갑자기 멈춰서 깜빡거리기도 하잖아. 하지만 게임에서는 새로운 판이 곧 다시 시작됐겠지. 그런데 과연 현실에서도 그럴까?

리셋 증후군을 보이는 사람들은 다른 사람에게 피해를 주더라도 쉽게 되돌릴 수 있다고 생각하기 때문에 자신의 잘못된 행동에 대해 미안해하거나 책임감을 느끼지 않아. 그리고 어떤 무서운 결과가 있을지에 대해서 생각지 않고 점점 더 무모한 행동을 하지. 게다가 작은 어려움만 나타나도 과도하게 회피하고, 처음부터 다시 하려는 경향을 보여.

포털 사이트에서 무언가를 검색하다가 인터넷 연결이 조금만 늦어져도 기다리지 못하고 새로고침 버튼을 계속 클릭하거나 컴퓨터 화면이 멈추기라도 하면 망설임 없이 재부팅 버튼을 눌러버리게 된다면 누구든 리셋 증후군이 아닌지 의심해볼 필요가 있어.

그리고 꼭 스마트폰이나 컴퓨터 앞이 아니어도 리셋 증후군의 증상을 확인할 수 있대. 학교에서 공책에 필기를 하다가 잘못 쓰면 그 부분만 수정하는 게 아니라 아예 종이 자체를 찢어버리고 다시 쓰기 시작하거나 친구들과 싸워서 사이가 나빠지면 화해하려고 노력하기보다 연락을 끊어버리는 것도 모두 리셋 증후군의 일종이야.

뇌는 도파민을 좋아해

그럼 사람들은 왜 리셋 증후군에 빠지는 걸까? 그리고 청소년들은 왜 인터넷에 쉽게 의존하는 걸까?

청소년기는 몸과 마음이 성장하는 시기야. 성장기에 있는 뇌는 적응력이 매우 뛰어나고. 그래서 이 시기에 게임을 너무 많이 하게 되면 뇌가 게임에 적응하게 돼. 너는 게임하면서 가장 기분 좋을 때가 언제야? 아이템을 얻거나 '레벨 업'이라는 보상을 받을 때 아냐? 생각만 해도 흐뭇하지? 바로 그 순간, 뇌에서 '도파민'이라는 신경전달물질이 만들어지는데 그게 바로 우리를 기분 좋게 만들어. 그리고 뇌는 도파민이 생기는 행동을 더 자주, 더 많이 할 수 있도록 뇌 신경세포를 변화시켜. 그러다 보니 자꾸 게임을 하고 싶은 마음이 들게 되는 거지. 그런데 게임이라는 게 어느 순간에 보상을 받을지 예측할 수 없잖아. 그래서 더 게임에 몰두하게 되는 거래. 계속 기분 좋은 상태를 만들고 싶은 뇌의 명령인 셈이지.

앞에서도 봤지만 리셋 증후군 증상이 심해지면 현실 감각이 떨어져서 자신은 물론이고 다른 사람까지 위험에 빠뜨리는 행동을 하게 될 수 있어. 그렇게 되지 않으려면 어떻게 해야 할까?

인터넷 이용 시간을 줄여야 해. 아무리 오래 해도 하루에 4시간 이상은 게임을 하지 않도록 노력해보자. '몇 시까지 해야지' 하고 시간을 정해놓거나 '거실에서만 하고 방에서는 하지 말아야지' 하고 공간을 정해두면 스스로 약속을 지키기가 쉬울 거야.

혹시 이미 증상이 심해진 건 아니겠지? 그럼 주변에 도움을 청해야 해. 스스로 기분을 조절하기 어려워져 버린 걸 수 있거든. 리셋 증후군이 심해지고 난 뒤에 인터넷을 끊으려고 하면 뇌 입장에선 기분 좋은 행동을 방해받는다고 생각하기 때문에 혼자만의 힘으로 극복하기 어려울 수 있어. '나도 리셋 증후군 아닐까' 하는 생각이 든다면 꼭 이야기해주고, 아직 괜찮다면 뇌에 속지 않도록 함께 노력해보자!

보이지 않는다고
잘못이 감춰지는 건 아니야

몰개성화 이론

통계청에 따르면 전국 중학생의 90퍼센트 이상이 스마트폰을 가지고 있대. 지금은 스마트폰과 인터넷만 있으면 세상이 우리 손안에 들어오는 시대잖아. 하지만 동시에 인터넷으로 인한 부작용도 만만치 않아. 그중 가장 심각한 사회문제는 아마 악의적인 댓글(소위 악플)일 거야. 연예인이나 정치인들이 근거 없는 소문, 무분별한 욕설, 비방 댓글 같은 사이버폭력으로 극심한 고통을 호소하고 있어.

익명성이 보장될 때 사람들은 어떤 행동을 할까?

온라인상에서 익명성이 완벽하게 보장되면 어떤 일이 일어날까? 부정적인 댓글이나 악성 댓글이 늘어나지 않을까? 실제로 네덜란드 심리학자 톰 포스트메스Postmes와 러셀 스피어스Spears는 '몰개성화 이론Deindividuation Theory'에서 자신이 누구인지 드러나지 않게 되면, 다른 사람의 눈을 의식하지 않아도 되기 때문에 사회 규범을 어길 가능성이 높아진다고 주장했어.

범죄심리학자 앤드류 실케Silke는 마스크로 신분을 숨긴 사람이 공공 기물을 파손하거나 타인을 위협하는 행동을 더 많이 저지르는 경향이 있다는 연구를 내놓기도 했지. 실케는 북아일랜드에서 강력 범죄를 저지른 범죄자 500명을 분석했어. 그 결과, 범행 당시 마스크를 쓰는 등 변장을 했던 206명이 더 공격적이고 파괴적인 행동을 했다는 사실을 발견했지. 민낯으로 범죄를 저지른 사람의 경우 16퍼센트만 피해자에게 심각한 상해를 입힌 반면, 변장을 했던 범죄자는 24퍼센트가 심각한 상해를 입혔어. 신분이 드러나지 않을 것이라고 확신할수록 공격적인 행동을 하기 쉬웠던 거야.

이건 반대 상황에서도 적용돼. 사람들은 상대의 얼굴이나 이름 같은 신분을 모를 때 더 공격성을 드러내기 쉽대. 스탠퍼드대학교의 필립 짐바르도Zimbardo 교수는 피해자 이름을 알 때와 모를 때 가혹행위 수준이 달랐다는 걸 실험으로 보여줬어. 그래서 인터넷이라는 공간에 악플과 허위 댓글이 점차 많아지고 있는 거야.

악플이 사회에 미치는 영향

충남대학교 심리학과 전우영 교수팀은 '인터넷 댓글이 정치인을 판단할 때 어떤 영향을 미치는지'에 대해 실험했어. 실험에 참가한 177명에게 '국회의원 ○○○'에 대한 기본적인 정보(생년월일·키·몸무게 등)를 알려주고, 이 정치인에 대한 인터넷상의 긍정적인 댓글과 부정적인 댓글을 보여준 거야. 실은 가짜 국회의원에 대한 가상의 댓글이었지.

하지만 결과는 놀라웠어. 댓글이 타당한지 아닌지와 상관없이 사람들은 긍정적인 댓글을 보면 긍정적인 이미지를 가졌고, 부정적인 댓글을 보면 부정적인 이미지를 가진 것으로 나타났거든. 특히 부정적인 댓글을 본 실험 참가자들은 그 국회의원에게는 투표하지 않겠다고 답했지. 사실 여부를 따져보기도 전에 부정적인 댓글은 사람들의 선호에 강한 영향을 미쳤어.

이런 악플과 허위 댓글은 어떻게 힘을 얻게 되는 걸까? 독일 사회과학자 엘리자베스 노엘레-노이만*Noelle-Neumann*은 이럴 때 '침묵의 나선*Spiral of Silence Theory*' 현상이 생긴다고 했어. 댓글에는 반

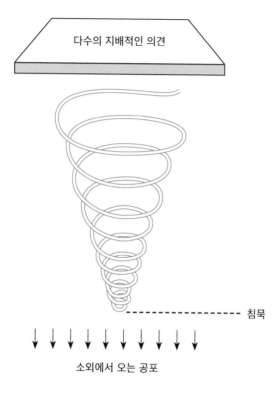

다수의 지배적인 의견

침묵

소외에서 오는 공포

• 침묵의 나선

대하지만 공개적으로 강하게 의견을 표현하고 있는 다수의 사람으로부터 고립되거나 소외되는 것이 두려워서 침묵하게 된다는 거야. 즉, 자신은 부정적인 댓글을 올리는 사람들과 다른 의견을 가지고 있더라도 댓글을 달지는 않는 거지. 이렇게 되면 눈에 보이는 다수의 의견이 더 힘을 받게 되고, 소수의 의견은 점점 힘을 잃게 돼. 그렇게 다수의 의견이 여론이 되어가는 모습이 마치 나선 모양 같다고 해서 이런 이름을 붙였대.

나는 정말 상처 주지 않는 사람일까?

남에게 상처 주는 못된 사람은 따로 있는 게 아니야. 재미로 덧붙인 한 마디에 누군가는 죽고 싶을 만큼 괴로워하기도 하고, 그러면 안 된다는 걸 알면서도 눈 감고 귀 닫아버리는 사이에 누군가는 상처 입고 고통을 받지. 누구나 경우에 따라 남에게 잔혹해질 수 있어. 그러니 우리는 남에게 상처를 주지 않도록 자신을 돌아보며 살아가야 하지 않을까.

악플을 막기 위해 인터넷 실명제를 도입하자는 주장도 있어. 이름을 밝히면 다른 사람의 시선을 의식해 조심스레 행동하게 될 거라는 생각이지. 익명성이 우리 행동에 미치는 효과를 감안하면 일리 있는 이야기일지도 몰라. 하지만 의사 표현의 자유가 침해될

위험도 있지. 인터넷 실명제를 도입한 일부 사이트에서는 다른 사람의 개인 정보를 훔쳐서 악플을 다는 부작용이 나타나기도 했고.

건전한 사이버 문화를 만들기 위해 '선한 댓글(선플) 달기 운동'에 참여해보는 건 어때? 다른 사람의 마음을 아프게 하는 악플을 예방하는 것만큼이나, 선플로 격려하고 용기를 주는 노력도 중요하니까.

나쁜 생각을 하지 않으려면
다른 생각을 해봐

흰
곰
효
과

무언가에 대해서 생각하지 말아야지 하면 할수록 계속 생각났던 적
있지? '지금은 웃으면 안 돼'라고 생각하니 자꾸만 웃음이 나왔다거
나 수업시간에 '딴생각 하면 안 돼'라고 생각할수록 딴생각을 하지
말아야 한다는 생각을 하느라 집중할 수 없었던 일 말이야. 너만 그
런 게 아니야. 정신분석학자 지그문트 프로이트*Freud*는 자신의 책
《꿈의 해석》에서 "억압된 것은 반복적으로 되돌아온다"라고 했
어. 쫓아내려고 하면 할수록 생각은 왜 꼭 되돌아오고 마는 걸까?

하지 말라고 하면 더 하게 되는 생각

"'흰곰 떠올리지 않기'에 도전해봐. 그러면 그 짜증 나는 녀석이 매 순간 네 머릿속으로 파고들 거야."

러시아 작가 표도르 도스토옙스키*Dostoevskii*의 소설 《백야白夜》에 나오는 구절이야. 1987년 미국 하버드대학교의 대니얼 웨그너 *Wegner* 교수는 과연 이 말이 사실인지 검증해보기로 했어. 그래서 대학생 34명을 각각 17명씩 두 그룹으로 나누었지. A그룹에는 5분 동안 머릿속에 떠오르는 모든 단어를 소리 내 말하되 '흰곰을 생각하지 마라'라고 하고, B그룹에는 5분 동안 똑같이 생각나는 단어를 소리 내 말하되 '흰곰을 생각해도 된다'라고 했어. 그리고 두 그룹 모두에 흰곰이 생각날 때마다 벨을 누르라고 했는데 결과가 어떻게 됐게? 흰곰을 생각하지 말라고 했던 A그룹이 오히려 벨을 더 많이 눌렀어. 웨그너 연구팀은 이 현상을 '사고 억제의 반동 효과', 즉 '흰곰 효과*White Bear Effect*'라고 불렀지. '흰곰을 생각하지 말아야지'라고 생각하는 동안 역설적으로 마음의 다른 한 부분에서는 흰곰을 떠올리기 때문에 생기는 현상을 말해.

생각을 대신할 생각 찾기

그럼 흰곰을 생각하지 않을 방법은 없는 걸까? 웨그너는 2011년 미국심리학회 연차대회에서 흰곰 효과를 줄이는 방법을 제시했어. 그중 대표적인 두 가지를 알려줄게.

첫째, 흰곰 대신 다른 걸 떠올리는 거야. 예를 들어, "흰곰을 생각하지 말고, 특정 자동차를 떠올려라" 하는 거지. 그렇게 되면 흰곰 대신 다른 집중할 대상이 생겨서 '흰곰 생각하지 않기'가 상대적으로 수월해진대. 초콜릿을 끊지 못하는 사람에게 "초콜릿을 끊어야 해!"라고 말하기보다 "초콜릿이 생각나면 과일을 먹어야 한다고 생각해"라고 하는 게 효과적이라는 거야.

둘째, '30분 후에 생각하자'와 같이 생각을 일단 미루는 것도 도움이 된대. 연구에 따르면 흰곰이 떠오를 때 '흰곰을 떠올리면 안 돼' 하면서 생각을 억제하기보다는 '흰곰은 30분 뒤에 다시 떠올리자'라고 마음먹는 편이 흰곰이 덜 떠오른다고 해.

강박일까? 걱정일까?

특정 생각을 지우기 어려워하는 사람들이 있어. 예를 들어, '현관문을 제대로 잠그지 않은 것 같아', '밖에 나가면 병균이 많아서 조심해야 할 것 같아' 하면서 일어나지도 않은 일을 염려하는 사람들 말이야. 이런 불안, 걱정에 지나칠 정도로 사로잡히는 걸 '강박 사고'라고 해. 다른 말로 '침투 사고'라고도 하지. 머릿속에서는 생각을 지우려 하는데도 끊임없이 침투해 괴로운 상태라서 그렇게 부르나 봐.

이런 강박 사고는 한번 시작되면 잘 사라지지 않아. 특히 '이런 생각을 하면 안 돼. 불안해하지 말자!'라고 다짐할수록 앞서 말한 흰곰 효과가 나타나서 그 생각을 없애기가 더 어려워지지. 강박 사고는 대개 강박적인 행동으로 이어져. 손에 병균이 묻어 있다는 생각에 하루에도 수십 번씩 손을 씻는 것처럼 말이야.

이런 강박 사고와 일상적인 걱정을 어떻게 구분하냐고? 그건 우리의 '반응'에 따라 나뉘어. 강박 사고는 걱정에 집요하게 몰두해서 앞에서 말한 강박 행동으로 이어진다는 점에서 보통의 걱정과 다르지. 일상적인 걱정은 내 생활에 지장을 주는 행동을 하게 하지는 않잖아.

그럼 강박 사고가 강박 행동으로 이어지는 걸 멈출 방법은 없을까? 만약 문을 제대로 잠갔는지 걱정이 돼서 하루에도 몇 번씩 문고리를 돌려보게 된다면, 문을 제대로 잠갔는지 걱정되더라도 확인해보지 말고 한번 참아봐. 한번에 멈추는 건 어려울 수 있으니까 단계적으로 줄여나가는 것도 좋아. 두 번 확인할 거 한 번만 하고, 세 번 확인할 거 한 번만 하는 식으로 말이야. 잘 참아지지 않을 때는 혼잣말로 스스로를 타이르는 것도 괜찮아. '문이 잠기지 않았어도 도둑이 들지는 않을 거야', '집에 도둑맞을 귀중품이 없으니 괜찮아' 하는 식으로 나 스스로를 달래는 거지.

어른들도 아이들도 모두 일상적인 문제로 걱정을 해. 친구와 사이가 멀어지면 어쩌지, 성적이 떨어지면 어쩌지 같은 생각 말이야. 이런 걱정과 불안은 성가시긴 하지만 우리가 적절한 행동을 할 수 있게 도와주는 신호등과도 같지. 친구와의 관계가 걱정되면 친구에게 메시지를 보내볼 수도 있고, 성적이 떨어지는 게 걱정되면 공부를 좀 더 할 수도 있으니 말이야. 그러니까 사실은 걱정이 문제가 아니라 우리가 걱정에 어떻게 반응하는지가 중요한 거야. 걱정은 잘 버려지지 않으니 달래는 연습이 필요해.

Day
4

리플리 증후군

거짓말을 자꾸 하면
거짓말 속에서 살게 될지 몰라

2019년 프랑스 배우 알랭 들롱*Delon*이 여든네 살의 나이에 칸 영화 제에서 '명예 황금종려상'을 받았어. 명예 황금종려상은 일종의 공로상 같은 거야. 너는 잘 모르겠지만 들롱은 수많은 영화에 출연해 전 세계적으로 큰 인기를 모았던 유명 배우야. 그가 출연한 작품 중에서 가장 유명한 게 아마 1960년에 개봉한 프랑스 영화 〈태양은 가득히〉일 거야. 영화에서 그는 주인공 톰 리플리 역이었지. '리플리 증후군*Ripley Syndrome*'이라는 심리학 용어도 바로 이 영화에서 나왔어.

자신의 거짓말을 현실이라 믿는 '리플리 증후군'

영화 〈태양은 가득히〉의 원작은 미국 작가 퍼트리샤 하이스미스 *Highsmith*가 1955년에 쓴 소설 《재능 있는 리플리 씨》였어. 주인공 리플리는 재능 있고 매력적인 동시에 위험한 인물이지. 재벌 아들 인 필립을 따라다니며 친하게 지내지만 필립은 그런 리플리를 무 시했어. 필립의 태도에 화가 난 리플리는 복수심에 불탄 나머지 필립을 죽이고 말아. 그 후 리플리는 죽은 친구 행세를 하며 호화 로운 생활을 즐겼지. 하지만 이런 생활은 오래가지 못했어. 필립 이 보이지 않자 주변 사람들이 그를 찾기 시작했거든. 이에 리플리 는 필립이 마치 살아 있는 것처럼 사람들을 속여. 그러던 어느 날 필립의 친구 프레디가 찾아와 리플리를 의심하자, 리플리는 필립 이 프레디를 죽인 것처럼 꾸며서 이번에는 프레디까지 제거했지.

리플리는 습관적으로 거짓말을 할 뿐 아니라, 자신이 한 거짓 말을 사실이라고 믿어버리는 인물이야. 소설과 영화가 세계적 반 향을 일으킨 뒤, 여기 나오는 리플리처럼 자신이 상상한 허구 세 계가 사실이라고 믿고, 거짓된 말과 행동을 상습적으로 반복하는 증상을 리플리 증후군이라고 부르게 됐어.

일반인은 거짓말을 하면 들통날까 봐 불안해하지만, 리플리 증 후군에 빠진 사람은 불안감도 죄책감도 느끼지 않아. 이들은 자신 의 머릿속으로 만들어낸 환상이 실제 현실이라고 믿어버리거든.

그리고 그런 허구를 계속 믿기 위해 거짓말을 반복하고, 때로는 절도나 사기 같은 범죄도 저지르지. 거짓말을 반복하다 보니 스스로 거짓말을 믿게 되어버리는 거야.

소설이나 영화 속에서나 나올 법한 일 같지만 우리나라에서도 2007년 리플리 증후군에 해당하는 사건이 일어났어. 한 젊은 큐레이터(미술 전시 기획자)가 일찌감치 미술계에서 재능을 인정받아 국내 최대 비엔날레 총감독 물망에 오른 거야. 그는 평소 자신이 미국 예일대학교에서 박사 학위를 받았다고 이야기하고 다녔는데 비엔날레 총감독을 뽑는 과정에서 그게 전부 거짓말이었다는 게 들통난 거지. 문제는 모든 거짓말이 들통난 뒤에도 이 큐레이터가 "나는 정말 예일대에서 박사 학위를 받은 게 맞다"고 계속 주장한 거야. 영국 일간지 〈인디펜던트〉는 이 사건을 자세히 보도하면서 '재능 있는 신 씨*The Talented Ms. Shin*'라는 헤드라인을 달았어. 소설 《재능 있는 리플리 씨》를 패러디해서 말이야.

관심을 받고 싶어 거짓말을 하는 '뮌하우젠 증후군'

리플리 증후군과 비슷한 현상으로 '뮌하우젠 증후군*Münchausen Syndrome*'이 있어. 18세기 독일의 실존 인물인 뮌히하우젠*Münch-hausen* 남작을 모델로 한 소설집 《허풍선이 뮌하우젠 대공의 놀라운 모험》에서 이름을 따왔지. 모델이 된 뮌히하우젠은 유쾌한 재담가였는데 소설 속에서는 엄청난 허풍이 섞인 모험담을 마치 사실처럼 늘어놓으며 사람들의 관심을 끌어보려는 뮌하우젠으로 묘사돼.

1951년 영국의 정신과 의사 리처드 애셔*Asher*가 이 소설에서 착안해 '실제로는 신체적인 이상이 없음에도 단지 관심을 끌기 위해서 질병에 걸렸다고 거짓말을 하거나 자해를 하는 증상'에 뮌하우젠 증후군이라는 이름을 붙였어. 이 증세를 보이는 사람은 다른 사람의 관심과 사랑 또는 동정심을 끌어내기 위해 아픈 척 연기를 한대. 어린 시절 과보호로 인해 자립 능력이 떨어지는 사람, 타인의 관심을 끄는 것에 집착하는 사람들에게서 주로 나타나.

리플리 증후군과 뮌하우젠 증후군은 거짓말을 한다는 점에서는 비슷하지만 차이가 있어. 리플리 증후군은 자신의 만족을 위해 거짓말을 하는 반면, 뮌하우젠 증후군은 타인의 관심을 받고 싶어서 거짓말을 하는 거야.

우리 기억은 그리 완벽하지 않아

실제로 자신이 하지 않았는데, 마치 그 일을 직접 한 것처럼 믿는다는 것이 과연 가능할까? 심리학자 아바나 토머스*Thomas* 등은 2002년 '상상'이 기억을 왜곡할 수 있다는 실험 결과를 보여줬어.

연구팀은 '펜으로 종이에 이름 쓰기', '연필 깎기', '코에 숟가락 올려놓고 중심 잡기', '비닐 백에 발 넣기' 같은 54개 행동 목록을 만든 뒤 대학생 210명을 불렀어. 학생들에게 18개 행동은 직접 해보게 하고, 18개는 상상만 하도록 했지. 그리고 나머지 18개는 어떤 행동인지 말해주지 않았어.

연구팀은 다음 날에도 학생들을 불렀는데 이번에는 54개 행동 중 일부를 상상으로만 해보라고 했어. 연구팀은 2주 뒤 학생들을 다시 불러 54개 행동 리스트를 주면서 직접 해봤던 행동이 무엇인지 물어봤는데 여러 학생이 실제로 그 행동을 한 적이 없으면서도 직접 해봤던 기억이 난다고 한 거야. 이 실험은 우리의 상상이 기억을 왜곡할 수 있다는 걸 잘 보여주고 있어. 다시 말해, 우리의 기억은 우리가 생각하는 것만큼 정확하지 않을 수 있다는 거지.

물론 그렇다고 해서 리플리 증후군이나 뮌하우젠 증후군에서처럼 새빨간 거짓말을 해도 된다는 건 아냐. 다만 때때로 우리의 기억이 왜곡될 수 있다는 사실을 인식하고, '내 기억이 100퍼센트 맞지는 않을 수 있다'는 생각을 하면서 대화할 필요가 있다는 거지. 기억은 누구나 틀릴 수 있으니까.

보상보다
나의 즐거움을 위한 일을 하렴

내
재
적
동
기

요즘 꼭 이루고 싶은 목표 있어? 그 목표는 무엇을 위한 거야? 심리학에선 목표를 크게 '접근 목표'와 '회피 목표'로 구분해. '접근 목표'는 성적 올리기, 시험 합격 등 긍정적인 결과를 목표로 삼는 걸 말하고, '회피 목표'는 성적 떨어뜨리지 않기, 시험에서 탈락하지 않기와 같이 부정적인 결과를 피하려는 걸 말해. 그럼 어떤 목표를 세웠을 때 더 성과가 좋을까?

학자들은 일반적으로 회피 목표보다는 접근 목표를 세웠을 때 성과가 좋다고 말해. 회피 목표를 추구할 땐 즐거움을 느끼기 어렵기 때문이지. '성적이 떨어지면 어쩌지?' 하고 걱정하면서 공부하면 아무래도 마음이 불안하고 공부도 잘 안 될 테니까. 그래서 계획을 잘 지키려면 회피 목표보다는 접근 목표를 세우는 게 좋아.

보상 vs. 즐거움

목표를 향해 나아가기 위해서는 동기가 필요해. 심리학자 에드워드 데시Deci와 리치 라이언Ryan은 인간의 동기를 크게 '외재적 동기'와 '내재적 동기'로 나눴어.

우리가 외부 지시나 보상 때문에 행동할 때 '외재적 동기'가 작용했다고 하는데, 외재적 동기는 칭찬이나 보상을 받기 위한 거고, 목표 자체와는 관련이 적지. 반면, 보상이 없어도 목표 자체를 위해 노력하는 건 '내재적 동기'가 작동한 거야. 자신의 흥미나 즐거움, 만족감을 위해 행동하는 거지. 예를 들어, 친구들에게 인기를 얻기 위해 농구를 잘하고 싶다고 생각한 건 외재적 동기가 작용한 거고, 건강해지기 위해 농구를 하겠다고 마음먹었다면 내재적 동기에 의한 거야.

데시와 라이언은 내재적 동기에 의해 행동했을 때 성과가 더 좋다고 주장했어. 그리고 데시는 이 주장을 뒷받침하기 위해 1971

년 한 가지 실험을 했지. A그룹에는 퍼즐을 맞추면 1달러를 주고, B그룹에는 아무런 보상을 주지 않았어. 그리고 한 번 더 퍼즐 맞추기를 하면서 두 그룹 모두에 아무 보상도 주지 않았지. 언뜻 생각하면 돈을 받았던 A그룹이 퍼즐 맞추기에 더 열심히 참여했을 것 같지만 실제로 A그룹은 돈이라는 보상이 없어지자 돈을 줬을 때보다 성과가 크게 떨어졌어. 반면 처음부터 특별한 대가 없이 퍼즐을 맞춘 B그룹은 더 열심히 퍼즐을 맞췄지.

보상을 받았던 A그룹 참가자들은 처음엔 열심히 했어도 보상이 없자 곧 흥미를 잃었고, B그룹 참가자들은 퍼즐 자체에 대한 흥미와 의욕으로 열심히 퍼즐을 즐긴 거야. 즉, 돈이라는 외재적 동기보다 즐거움 같은 자율적인 내재적 동기에 의해 퍼즐 맞추기를 했을 때 훨씬 더 몰입할 수 있다는 거지.

"이번 시험에서 성적이 오르면 원하는 선물을 사줄게"라는 말에 선물을 받기 위해서만 열심히 공부를 한다면, 선물이 없을 때는 공부를 열심히 하지 않을 가능성이 커져. 그러니까 공부를 잘하고 싶다면 선물을 받기 위해서가 아니라 스스로 만족할 만한 성적을 받고 싶다고 생각하고 노력하는 게 중요해. 그래야 더 오래 꾸준히 공부를 잘할 수 있어. 물론 이건 성적에서뿐만 아니라 다른 목표에서도 마찬가지야. 무언가를 열심히 했다면 그만큼 넌 성장한 거니까.

내재적 동기와 자율성을 키울 때 주의할 점

아이들에게 내재적 동기를 갖게 하려면 아이가 잘하지 못한 것을 지적하거나 벌을 주기보다는 잘한 행동에 칭찬과 격려를 해주는 것이 좋습니다. 벌을 주는 건 특정 행동을 줄일 수 있는 쉽고 강력한 교육법이지만, 반복되면 어른의 지시에 대한 거부감과 저항감이 함께 커질 수 있습니다. 또한, 자녀가 어떤 목표를 세울 때 문제점을 지적하기보다는 격려해주세요. 당장 실현 가능성이 낮은 목표라고 해도 부모가 바로 현실을 지적하면 아이가 주눅 들 수 있어요.

아이들에겐 재미가 없더라도 반드시 노력해서 해야 할 일이 있어요. 시험이 대표적이죠. 아이가 "왜 시험을 봐야 하느냐"고 물으면 "모든 사람이 공정하게 점수를 비교하기 위해서야"와 같이 이유를 잘 설명해주세요.

자율성을 키우는 것도 좋지만 아이가 목표를 이루기 위해 규칙을 어기거나 부적절한 방법을 동원할 땐 부모가 개입해야 합니다. 모든 행동에는 책임이 뒤따른다는 것을 알려줘야 해요.

다른 사람에게 동기를 부여한다는 건 참 어려운 일이에요. 자녀가 스스로 내재적 동기와 자율성을 기르기까지는 부모의 인내심이 꼭 필요합니다.

목표를 달성하고 싶다면
먼저 계획을 세워봐

현
실
치
료
W
D
E
P

'작심삼일作心三日'이라는 말이 있어. 목표를 달성하겠다는 결심이 사흘이 못 돼 느슨해지는 것을 의미하는 사자성어지. 목표를 달성하는 게 그만큼 어렵다는 뜻이기도 해. 한 설문 조사에서는 사람들의 신년 계획 중 26.9퍼센트가 한 달 안에, 그리고 34.4퍼센트가 석 달 안에 무너진다는 결과가 나오기도 했다니 실천이 얼마나 어려운지 알겠지?

그런데 계획을 세우면서 잘 지켜지지 않길 바라는 사람이 어디

있겠어. 계획을 잘 지킬 수 있도록 할 좋은 방법 없을까? 실제로 많은 사람들이 긍정적인 변화를 꿈꾸면서도 동시에 이를 달성하기 위한 행동은 하기 싫다는 마음을 느껴. '살은 빼고 싶지만 운동하기는 귀찮다', '친구를 많이 사귀고 싶지만 선뜻 다가서기는 어렵다'처럼 말이지. 이런 모순된 모습을 심리학자들은 '변화의 딜레마'라고 부른대. 이 딜레마를 극복하고 원하는 목표를 달성하려면 무엇을 해야 할까?

계획은 구체적으로, 그리고 플랜 B까지

독일 콘스탄츠대학교 심리학과 페터 골비처*Gollwitzer* 교수는 우리가 어떤 목표를 실제로 달성하기 위해서는 '목표'만 있는 경우보다 '실행 의도(구현 의도)'를 분명히 하는 것이 중요하다고 지적했어. '운동을 해서 살을 빼고 싶다'(목표)는 생각만으로 바뀌는 건 아무것도 없어. '매일 아침 7시에 TV를 보면서 30분씩 실내 자전거를 탄다. 실내 자전거를 탈 수 없을 때는 윗몸일으키기를 100개 한다'(실행 의도)처럼 목표를 달성하기 위한 구체적인 행동 계획이 필요하지. 그리고 '예상치 못한 상황이 생겼을 때 어떤 행동을 할 것이다' 정도까지 시나리오를 짜두는 게 좋아. 골비처 교수는 브란트슈테터*Brandstätter* 뮌헨대학교 교수와 함께 진행한 실험을 통해 이를 증명했지.

첫 번째 연구는 뮌헨대학교에 다니는 여학생 111명을 대상으로 했어. 연구팀은 이들에게 독일의 크리스마스 연휴 동안 달성하기 쉬운 목표 하나와 달성하기 어려운 목표 하나를 정하게 했지. 쉬운 목표의 예로는 수업 교재 사기, 소설 읽기, 친구에게 편지 쓰기 등이 있었고, 어려운 목표의 예로는 보고서 쓰기, 이사할 집 알아보기, 남자친구와의 갈등 해결하기 등이 있었어. 연구팀은 참가자마다 '언제', '어디서', '어떻게' 행동해 목표를 달성할지에 대한 구체적인 계획이 있는지를 따로 평가했지. 그리고 크리스마스 연휴가 끝난 뒤 참가자들이 목표를 얼마나 달성했는지 확인해봤어. 그 결과, 쉬운 과제의 경우 구체적인 수행 계획이 없었을 땐 78퍼센트, 구체적인 수행 계획이 있었을 땐 84퍼센트의 목표 달성률을 보인 거야. 구체적인 계획이 있을 때 달성률이 조금 더 높았던 거지. 그런데 더 중요한 건 달성하기 어려운 과제의 경우였어. 구체적인 계획이 없었을 때 겨우 22퍼센트였던 목표 달성률이 구체적인 계획이 있었을 때는 62퍼센트를 보였거든. 거의 세 배 가까이 차이가 난 거지. 이 실험을 통해 사람들은 구체적인 계획을 세워두면 쉬운 목표건 어려운 목표건 달성률이 높고, 달성하기 어려운 목표일수록 그 효과가 크다는 걸 확인할 수 있었어.

두 번째 연구는 뮌헨대학교의 남녀 대학생 86명을 대상으로 이루어졌어. 연구팀은 '12월 24일 크리스마스 이브를 어떻게 보냈는지에 대한 두 장짜리 보고서를 써서 크리스마스 연휴(12월 25~26일)가 끝나자마자 제출하라'라는 과제를 줬지. 이때 참가자들을 두 그룹으로 나누고 A그룹엔 '언제', '어디서' 보고서를 쓸지 계획을 짜도록 한 반면, B그룹엔 아무 지시도 하지 않았어. 그리고 연휴가 끝난 뒤 12월 27일에 보고서를 내도록 한 거야. 그 결과, A그룹은 평균 2.3일 만에 보고서를 냈고, B그룹은 평균 7.7일이 걸렸지. 여기서 눈여겨볼 만한 점은 A그룹의 경우 83퍼센트가 계획했던 날에 보고서를 다 썼고, 70퍼센트 이상이 연휴가 끝나자마자 보고서를 제출했다는 거야. 반면 B그룹은 32퍼센트만 제때 보고서를 냈어. 구체적인 수행 계획을 수립하도록 한 그룹이 과제 제출도 월등히 많이 했고, 시간도 제때 맞춘 거지.

거창한 목표가 전부는 아니야. 언제, 어디서, 어떻게, 그리고 계획대로 안 될 때는 어떻게 할지까지 생각해 계획을 짜봐. 예를 들어, '친구와 화해하기'라는 목표를 세웠을 때는 다음과 같은 계획을 짜볼 수 있을 거야.

'오후 6시에 학교 앞에서 만나 어떤 이야기를 먼저 꺼낸다. 계획대로 되지 않으면 다음 날 아침 9시 친구에게 전화해 몇 시에 만나자고 이야기해 약속을 잡는다.'

심리 상담에서는 이 이론을 활용해 사람들의 변화를 돕기도 해. 대표적인 게 '현실 치료 4단계*Want-Doing-Evaluation-Plan, WDEP*' 기법이지. 다음의 네 가지 질문에 답해봐.

첫째, 달성하고 싶은*Want* 목표는 무엇입니까?

둘째, 목표 달성을 위해 구체적으로 어떤 행동*Doing*을 하고 있습니까?

셋째, 지금 하고 있는 행동이 목표를 달성하는 데 얼마나 효과적입니까*Evaluation*?

넷째, 효과가 없다면 어떤 계획*Plan*이 필요할까요?

앞으로는 목표로 하는 일이 생겼을 때 이 질문을 참고해서 구체적 계획을 세워봐. 큰 목표가 아니라도 좋아. 작은 목표부터 시작해서 원하는 목표를 달성하는 데 성공하다 보면 자신감도 하나, 둘 쌓이기 시작할 테니까.

물질만 좇다 보면
만족하기 어려워지는 법이야

크레스피 효과

'당근과 채찍'이란 말 알아? '이번 달리기 대회에서 3등 안에 들면 상으로 용돈 3만 원 더 줄게' 같은 것이 당근, 즉 보상이야. 그런데 무조건 많이 주면 더 열심히 하고 싶은 마음이 들까? 심리학자들은 그렇지 않다고 이야기해. 10만 원 받다가 5만 원을 받으면 계속 3만 원만 받아오던 친구보다 열심히 하겠다는 의지가 줄어들 수 있다는 거지.

점점 더 많은 보상을 바라는 마음

1942년 미국 프린스턴대학교 심리학과 레오 크레스피*Crespi* 교수는 보상과 일의 수행 능력 사이의 관계를 알아보는 실험을 했어. 쥐에게 미로 찾기를 시키고 성공하면 먹잇감을 주는 실험이었지. 그룹별로 보상으로 주는 먹이의 양을 달리하고 쥐들이 얼마나 빨리 달리는지를 관찰했어. 보상으로 주는 먹이 양은 1, 4, 16, 64 등으로 크게 차이를 뒀지. 당연히 보상이 큰 그룹의 쥐일수록 더 빨리 달려서 미로를 돌파하려 했어. 여기까지는 보상이 클수록 더 열심히 일한다는 상식적인 내용이었지.

그런데 크레스피는 새로운 실험을 해보기로 했어. 보상을 늘리거나 줄일 때 쥐들이 어떻게 행동하는지 관찰한 거야. 16의 보상을 꾸준하게 받는 쥐, 1을 받다가 16을 받는 쥐, 64에서 16으로 줄인 쥐 등을 실험해봤어. 그랬더니 보상을 늘린 쥐는 전체 보상은 가장 적은 17(1+16)을 받았지만 가장 빨리 움직였고, 보상을 꾸준하게 받아 32(16+16)를 얻은 쥐는 중간, 보상이 줄어들었지만 받은 것은 가장 많은 80(64+16)인 쥐가 가장 느린 것으로 나타났대. 얼마나 보상을 받았는지보다 '이전보다 늘었는지, 줄었는지'가 차이를 만든 셈이야.

이렇게 쥐를 통해 '보상이 이전과 비교했을 때 늘어나는지 줄어드는지'가 '보상을 얼마나 받는지'보다 더 중요하다는 힌트를 얻게 됐고, 그의 이름을 따 이를 '크레스피 효과*Crespi Effect*'라고 부르게 됐지.

그는 이 아이디어가 인간 사회에도 적용된다는 걸 관찰하게 돼. 처음엔 많이 받다가 나중에 그 양이 줄면 일단 기분이 나빠. 생각해 봐 월급 800만 원을 받던 사람이 600만 원을 받으면 기분이 나쁘겠지만, 200만 원 받던 사람이 300만 원 받으면 기분이 좋지 않겠어? 이런 크레스피 효과는 보상뿐 아니라 처벌에도 같은 방식으로 적용돼.

크레스피 효과의 대표적인 사례로는 미국의 '팁' 문화를 들 수 있어. 팁은 종업원이 서비스를 잘할 때 손님이 보상으로 주는 것인데, 종업원이 받고 만족할 팁 액수는 갈수록 올라갈 수밖에 없게 됐지. 그래서 크레스피는 1940년대부터 미국 팁 문화를 반대했다는데, 별다른 효과는 거두지 못했어. 미국 캘리포니아에서는 대개 음식 값의 10퍼센트를 팁으로 주는 게 일반적이었는데 지금은 평균 18퍼센트로 올랐다고 해. 만약 100달러짜리 음식을 먹었다면 118달러를 내야 하는 셈이 된 거지.

더 효과적인 보상은 없을까?

쥐는 '먹이'가 보상의 전부겠지만 사람은 물론 조금 달라. 부모님도 보상으로 '칭찬', '간식', '용돈', '선물' 등 다양한 걸 주시잖아. 미국 행동경제학자이자 심리학자인 댄 애리얼리*Ariely* 교수 등은 2017년 이와 관련한 실험을 학술지에 소개했어.

애리얼리와 연구팀은 이스라엘 반도체 공장 기술자 156명을 대상으로 5주간 보상 방식이 업무 생산성에 미치는 효과를 연구했어. 보상은 현금 3만 원, 3만 원짜리 피자 교환권, 상사의 칭찬세 가지였지.

종류와 상관없이 보상을 주자 생산성은 평균 5.7퍼센트포인트 높아졌어. 그래서 연구팀은 보상 종류에 따라 생산성 지속 효과가 다른지에 대해서도 알아보기로 했지. 한 번 보상을 받은 다음 보상을 주지 않으면 업무 성과가 바뀌는지 살펴본 거야. 보상을 아예 주지 않자 전체적으로는 생산성이 떨어졌어. 보상 유형별로 보면 현금을 받은 경우가 가장 생산성이 크게 떨어졌고(6.3퍼센트포인트 하락), 피자 교환권(2.1퍼센트포인트 하락)이 뒤를 이었지. 그렇지만 보상으로 상사의 칭찬을 받은 경우엔 사흘 동안 다른 보상이 없어도 생산성이 평균 수준을 유지했어.

돈이나 피자 같은 물질적 보상은 일시적으로는 생산성을 높이는 데 기여하지만 보상을 멈추면 생산성이 바로 떨어지는 데 반해, 상사의 칭찬과 같은 감정적 보상은 일할 맛 나는 환경을 만들어 그 효과가 오래간다는 거야.

실험을 통해서 살펴본 것처럼 단순히 금전적·물질적인 보상은 지양하는 것이 좋아. 이런 보상 방식은 점점 더 많은 금전적 보상을 기대하게 하고 보상이 중단되면 효율성과 만족도가 떨어질 가능성이 크니까.

Day
8

마시멜로 실험

지금 조금 참는다면
더 큰 걸 얻을 수 있어

'티끌 모아 태산'이라는 속담 알지? 어떤 사람은 용돈이 생기면 바로 맛있는 음식을 사 먹거나, 갖고 싶던 물건을 사서 금방 다 써버리기도 하고, 다른 사람은 당장에 돈을 다 써 버리기보다 계획을 세워 조금씩 나누어 쓰기도 해. 넌 용돈을 받거나 돈이 생겼을 때 어느 쪽에 가까워? 이와 관련한 심리 실험 중에 마시멜로 실험이라는 게 있어.

지금 먹을래? 15분 참았다가 하나 더 먹을래?

이 실험은 미국의 사회심리학자 월터 미셸*Mischel*의 책《마시멜로 테스트》에 소개됐지. 그는 우선 653명의 아이들에게 각각 마시멜로를 나눠줬어. 그리고 15분 동안 먹지 않고 기다리면 상으로 하나 더 주겠다고 한 다음, 아이가 어떻게 행동하는지 관찰했지. 마시멜로를 먹지 않고 기다렸다가 상으로 하나 더 받은 아이들은 전체의 3분의 1 정도였대.

그로부터 약 15년이 지난 뒤에 실험에 참가했던 아이들의 학업 성적을 조사했는데, 놀랍게도 마시멜로를 먹지 않고 참았던 아이들이 마시멜로를 빨리 먹었던 아이들보다 성적이 높게 나온 거야. 연구자는 이 결과를 충동적인 마음을 이겨내고 다음 일을 계획할 줄 아는 사람들이 성공할 가능성이 크다는 뜻이라고 해석했지.

자제력이 성공의 열쇠라는 걸 밝혀낸 실험이었어. 이후 이 실험은 학생들의 자제력 강화 교육에 중요한 토대가 됐지. 이 연구 결과에 따르면 용돈을 받았을 때 당장 다 써버리는 아이들보다 욕구를 참고 저축할 줄 아는 아이들이 성공할 가능성이 크다고 예측해볼 수 있어.

그런데 최근 마시멜로 실험에 몇 가지 문제가 제기됐대. 하나는 실험에 참가한 아이들이 모두 미국의 명문 학교인 스탠퍼드대

학교의 교수나 대학원생의 자녀였기 때문에 다른 직업군 부모를
둔 아이들보다 학업을 중시하는 가정환경에서 자라났을 가능성이
컸다는 거야. 다양한 직업의 자녀를 모아 실험했다면 다른 결과가
나올 수도 있었다는 지적이지.

　다른 하나는 실험 후 약 15년이 지나서 추적 조사가 가능했던
사람은 전체 실험 참가자 중 단 94명에 불과했기 때문에 전체 참
가자의 15퍼센트도 안 되는 사람들을 대상으로 조사해 일반화한
연구 결과를 신뢰할 수 없다는 거였어. 나머지 85퍼센트를 포함했
을 때도 같은 결과가 나올지는 알 수 없는 거니까.

　그리고 또 하나, 연구팀은 실험에 참가한 아이들에게 '마시멜
로를 먹지 않고 기다리면 하나를 더 주겠다'고 약속했는데, 이게
자기조절능력을 테스트한다고 보기 어렵다는 지적도 나왔어. 마
시멜로를 좋아하는 아이가 있고 싫어하는 아이가 있을 거 아냐.
마시멜로를 하나 더 먹고 싶을 정도로 좋아하는 아이라면 참았겠
지만 하나면 충분하다고 생각한 아이는 그냥 먹어버렸을 수 있으
니 끈기와 인내심 외에도 마시멜로에 대한 선호도가 반영됐을 가
능성이 있다는 거지.

　이렇게 마시멜로 실험의 한계점이 나타나면서 자제력(원인)이
성공(결과)으로 이어진다는 인과관계는 다소 약화됐지만 더 큰 보
상을 위해 작은 보상을 뒤로 미루는 '만족지연'과 '성취'는 여전
히 연관이 있어. 뭔가를 이루려면 자기통제력 또는 자기조절력이

중요하거든. 자기조절은 자신의 목표를 이루기 위해 마음을 다잡고 필요한 행동을 하는 심리적 과정을 의미해. 자기조절력은 어려운 상황을 만났을 때 이를 극복한 사람들이 공통적으로 보여준 특성이기도 하지.

참을성을 키우려면

자기조절력은 목표를 이루기 위해서도 필요하지만 화가 나거나 부정적인 감정을 강하게 느끼는 순간에 더욱 필요해. 화가 난다고 기분대로 바로 행동해버리고 나면 나중에 후회할 일이 생기기 쉽거든.

스스로 생각해봤을 때 참을성이 부족하고 충동적인 행동을 많이 하는 것처럼 느껴진다면 이렇게 한번 해보면 어때? 화가 나거나 속상한 마음을 그대로 표현하지 말고, 메모지나 일기장에 자신의 솔직한 기분을 적어보는 거야. 글을 써 내려가는 동안 격한 감정이 차분해지는 걸 느낄 수 있을 거야.

심리학자 페니베이커*Pennebaker*는 부정적인 감정을 느낄 때 글쓰기를 하면 치유 효과가 있다고 했어. 뒤(Day 29 참조)에서 자세히 이야기하겠지만 직접 손으로 글씨를 쓰는 자체로 기분 전환이 된대. 요즘은 컴퓨터로 문서를 작성하는 게 더 익숙하긴 하지만, 자기조절력을 높이고 싶다면 오늘부터 메모를 자주 하고, 손으로 일기를 써보는 것도 좋은 방법이라는 걸 기억해둬.

닻
내
림
효
과

합리적인 판단을 하려면
자료를 잘 살펴야 해

겨울철 기상청에서 "한강이 얼어붙었다"라고 발표하는 걸 들어본 적 있지? 길이만 500킬로미터에 달하는 한강 전체가 정말 꽁꽁 얼었다는 의미일까? 그렇지 않아. 기상청에서는 한강의 특정 지점이 얼면 한강이 얼었다고 발표를 해. 바로 서울 동작구 한강대교 남단에서 상류로 100미터 거슬러 올라간 지점인데, 이 지점을 그래서 '한강 결빙結氷 관측 지점'이라고 하지. 이곳이 얼음으로 뒤덮여 아래로 흐르는 강물이 보이지 않으면 '한강이 얼었다'고 판단하고 발표하는 거야. 반대로 한강의 다른 곳이 모두 얼어도 이 관측 지점이 얼지 않으면 한강이 얼었다고 공식적으로 얘기할 수 없다니, 참 재미있지?

기준점에 의해 판단하는 '닻 내림 효과'

사람들은 어떤 판단을 내릴 때 '기준점'에 대해 생각한대. 물건이 크고 작은지 판단할 때도 다른 물체와 비교해서 설명하곤 하잖아. '달걀 크기만 하다'처럼 말이야. 이렇게 표준으로 사용하는 기준점을 '준거 기준' 또는 '준거 틀'이라고 해. '달걀 크기만 하다'에서는 '달걀'이 준거 기준이 되는 거지.

어떤 준거 기준이 형성되고 나면, 이 기준이 추후 발생한 일을 판단할 때 영향을 주게 되는데 이런 현상이 바로 '닻 내림 효과 *Anchoring Effect*'야. 대니얼 카너먼*Kahneman*과 아모스 트버스키*Tversky*라는 학자가 실험을 통해 증명한 이 현상은, 배가 항구에 도착해 닻을 내리면 배는 닻에 묶인 밧줄 반경 이상으로는 움직이지 못하는 것처럼 사람의 판단도 처음 제시된 기준점이 닻 역할을 한다는 데서 이름 붙은 거야.

카너먼의 실험은 이랬어. 먼저 참가자들에게 곱셈 문제를 풀라고 하면서 계산할 시간을 충분히 주지 않고 값을 예상해보게 했지.

A그룹에는 1×2×3×4×5×6×7×8(오름차순 곱하기 문제)의 값을, B그룹에는 8×7×6×5×4×3×2×1(내림차순 곱하기 문제)의 값을 예상하게 했는데, 이건 순서만 달랐지 같은 수를 곱하는 문제이기 때문에 정답은 똑같이 '40,320'이야. 그런데 계산할 시간이 충분하지 않았던 참가자들은 미처 다 곱해보지 못하고 도중에 예상한 답을 말해야 했지. 실험 결과 A그룹에 속한 사람들이 보고한 답의 중앙값median(주어진 값을 크기 순서로 정렬했을 때 가장 중앙에 있는 값)은 512였는데, B그룹의 중앙값은 2,250으로 나왔어.

이렇게 두 그룹 답에 큰 차이가 생긴 건 오름차순 곱하기 문제를 받은 사람들은 처음에 제시된 작은 숫자 몇 개를 곱한 값을 기준점으로 답을 추론한 반면, 내림차순 곱하기 문제를 받은 사람들은 큰 숫자 몇 개를 곱한 값을 기준점으로 사용했기 때문이야. 기준점에 따라 답이 달라진 거지.

닻 내림 효과를 조심해야 하는 이유

이런 닻 내림 효과는 어떤 경우에 생기는 걸까? 우리가 어떤 판단이나 결정을 내려야 하는데 정보나 사전 지식이 충분하지 않을 때야. 앞의 실험에서 본 것처럼 어려운 계산을 짧은 시간 동안 해야 하면 주로 부정확한 감각이나 직관을 기준점으로 사용하게 되는 거지.

선생님이 학생들의 과제를 채점할 때도 자칫 잘못하면 닻 내림 효과가 적용될 수 있어. 예를 들어, 중간고사에서 100점 맞은 학생 A와 70점을 맞은 학생 B의 과제가 있다고 하자. 그럴 경우 닻 내림 효과에 의하면 A가 제출한 과제에 높은 점수를 줄 가능성이 더 커진다는 거야. 중간고사 성적이 과제 점수를 판단하는 준거 기준으로 작용하기 때문이지.

우리가 자주 가는 마트에서도 이런 닻 내림 효과를 이용하는 걸 볼 수 있어. 예를 들어, 잘 안 팔리는 7,000원짜리 장난감이 있다고 하자. 똑같은 물건에 1만 원이라고 적고, 이 가격에 ×표를 한 다음 30퍼센트 할인해 7,000원에 판다고 표시를 해놓으면, 그냥 7,000원이라고 적어놨을 때보다 사람들이 살 가능성이 더 커. '할인받았으니 이득'이라고 생각하기 때문이지. 기준점인 1만 원에서 3,000원을 빼준다니까 '싸다'라는 생각이 드는 거야.

뿐만 아니라 비싼 물건들을 여러 개 진열해놓고 그중 비교적 가격이 낮은 물건을 맨 나중에 배치해놓으면 사람들은 앞에 있는 비싼 물건을 보면서 '너무 비싸서 못 사겠다'라고 생각하다가도 뒤에 나온 싼 물건을 보고는 '이건 다른 것보다 저렴하니 사는 게 이득'이라고 생각하게 돼. 그래서 결국 지갑을 열게 되지. 이렇게 마트에서의 닻 내림 효과는 충동구매 가능성을 높일 수 있어.

합리적인 소비를 위해서는 기업들의 이런 마케팅 전략에도 관심을 갖는 게 좋아. 또한 마트에 가기 전에는 사야 할 물건을 미리 메모지에 적은 다음, 그 물건들에 집중해서 구매해야 충동구매를 막을 수 있지.

어떤 판단을 내리기 전에 내가 가지고 있는 자료가 나를 현혹시키고 있는 건 아닌지 나는 지금 객관적으로 판단하는 건지에 대해 생각해봐. 그럼 보다 합리적인 결정을 내릴 수 있을 테니까.

한번에 여러 가지를 할 수 없는 게
당연한 거야

Day 10

보
이
지
않
는
고
릴
라
현
상

전 세계적으로 인기를 끌었던 미국 드라마 〈왕좌의 게임〉을 알고
있니? 2019년 시즌 8을 끝으로 대장정의 막을 내렸지. 서양의 중
세 시대를 배경으로 하고 있는 이 드라마는 용이 날아다니고 마법
사가 등장하는 판타지물이야. 그런데 이 드라마 속 한 장면에 생
뚱맞게 프랜차이즈 카페 '스타벅스'의 일회용 종이컵이 등장해 화
제가 됐어. 방송 전 최종 편집을 한 제작진도, 방송 당시 시청자 대
부분도 이런 '옥에 티'를 알아채지 못했지. 나중에 화제가 된 뒤로

는 스타벅스가 정식으로 이 드라마에 간접광고PPL를 했다면 25만 달러(한화 약 2억 9,500만 원)의 광고비를 냈어야 했다는 농담이 돌기도 했어. 우리 드라마에서도 이런 옥에 티는 어렵지 않게 볼 수 있어서 옥에 티를 모은 특집 방송도 해줄 정도지. 여러 사람들이 함께 심혈을 기울여 만드는 드라마에서 어떻게 이런 황당한 옥에 티가 나올 수 있을까?

이를 설명해주는 심리학 이론이 바로 '보이지 않는 고릴라 현상Invisible Gorilla'이야. 어떤 부분에 집중하다 보니 다른 부분에는 주의를 기울이지 않게 되어버리는 걸 말하지.

하나에만 집중하면 놓치는 것들

1999년 미국의 심리학자 대니얼 사이먼스Simons와 크리스토퍼 차브리스Chabris는 대학생 36명을 대상으로 실험을 진행하면서 75초 가량의 길거리 농구 경기 영상을 보여줬어. 영상에는 흰색 셔츠를 입은 A팀 선수 세 명과, 검은색 셔츠를 입은 B팀 선수 세 명이 농구공을 패스하는 장면이 담겨 있었지. 이들에게 영상을 보며 흰색 셔츠를 입은 선수들이 서로 몇 번 공을 패스했는지 세어보라고 했어. 90퍼센트 이상의 사람들이 정답을 맞힐 수 있는 간단한 과제였지. 그런데 영상 시청이 끝난 뒤 연구팀은 이들에게 "혹시 영상에서 고릴라 보셨어요?"라고 물었고, 절반 조금 못 되는 사람들이 고릴라를 전혀 보지 못했다고 답했어. 사실 영상 중간쯤(75초 중 44~48초 시점에 5초간)에 고릴라 분장을 한 사람이 화면 가운데에 나타나서 영화 속 킹콩처럼 주먹으로 가슴을 쾅쾅 치고 사라졌거든. 분명히 고릴라가 나타났다가 사라졌는데 많은 참가자들이 전혀 알아채지 못했다니 정말 놀랍지 않아? 이런 현상을 보이지 않는 고릴라라고 해.

보이지 않는 고릴라 현상은 우리가 주의attention를 기울이는 방식과 관련이 있어. 우리가 가진 주의의 총량은 제한돼 있어. 과제를 잘 수행하기 위해서 과제 수행과 무관한 불필요한 부분(검은색 셔츠를 입은 사람들의 행동)은 배제하고 과제와 관련된 부분(흰색 셔츠를 입은 사람들의 행동)에 선택적으로 집중하게 되는 거지. 마치 제한된 용돈으로 꼭 필요한 물건만 사게 되는 것처럼 말이야. 이걸 선택적 주의selective attention라고 해.

이런 현상은 현실에서도 관찰됐지. 2000년 미국 캘리포니아에서는 도시별로 보행자가 자동차 사고를 당하는 비율을 조사했어. 결과를 보니 오히려 보행자가 많은 도시에서 사고 비율이 낮게 나왔대. 자동차 운전자가 '보행자가 많은 도시니까 주의해야 해'라고 생각해서 보행자들에게 더 신경을 썼기 때문이야. 보려고 하니 더 잘 보인 거지.

하지만 여기에는 부작용도 있어. 상대적으로 주의를 기울이지 않는 다른 부분(고릴라 복장을 한 사람의 출현)은 까맣게 몰랐던 사람들처럼 하나에만 집중하다 보면 주변에서 아무리 심각한 일이 벌어지더라도 모를 수 있다는 거야.

1915년 덴마크의 심리학자 에드거 루빈Rubin이 소개한 '루빈의 컵' 그림(72쪽 참조) 본 적 있어? 그림 가운데 하얀 부분에 집중하면 컵처럼 보이고, 바깥쪽 검은색 부분에 집중해서 보면 두 사람이 얼굴을 마주하고 있는 모습으로 보이는 그림 말이야. 어느 부분에 집중하느냐에 따라 한 번에 한 가지씩만 볼 수 있어. 선택적으로 주의를 기울이면 다른 부분은 보기 어렵다는 걸 보여주는 대표적인 예지.

눈에 보이지 않는 고릴라 현상은 다중 작업multitasking의 어려움도 우리에게 알려줘. 자동차 추돌 사고의 주요 원인은 '전방 주시 불이행' 때문이래. 눈은 앞을 보고 있지만 머릿속으로는 딴생각을 하다가 아차 하는 순간 앞차를 들이받게 된다는 거야.

운전할 때나 길을 걸을 때 휴대전화로 통화를 하거나 휴대전화 화면을 보고 가는 게 얼마나 위험한 일인지 이제 알겠지?

• 루빈의 컵

실패하는 동안에도
너는 성장하고 있단다

꾸물거림증

어떤 일을 마감 전날까지 미루다가 직전에 정신없이 하느라 힘들었던 적 있지? 시험 전날 벼락치기 공부를 하거나 밤늦게까지 숙제를 할 수밖에 없던 때 말이야. '다시는 꾸물거리지 않고 바로바로 해야지'라고 결심하지만 아마 다음 시험 전날에도 밤샘 공부를 결심하게 될지 몰라. 지금 속으로 '맞아! 바로 내 얘기야!' 하고 있는 거 아냐? 심리학에서는 이런 증상을 '꾸물거림증*Procrastination*'이라고 해. 어차피 해야 할 일인데 우리는 왜 자꾸 미루게 되는 걸까? 단지 게을러서인 걸까?

꾸물거리는 사람들의 여섯 가지 유형

꾸물거리는 이유가 꼭 게을러서만은 아니야. 미국의 임상심리학자 린다 서페이딘Sapadin은 꾸물거리는 사람들(이하 '꾸물이')을 20년 이상 상담하면서 여섯 가지 유형으로 정리했어.

첫째는 '완벽주의자Perfectionist' 유형이야. 일을 너무 잘해야 한다는 생각에 스트레스를 받아서 시작을 못 하고 계속 미루게 되는 경우지. 둘째는 '걱정이 많은 사람Worrier' 유형이야. 이들은 잔걱정이 많고 실패가 두려워 일을 미룬대. 셋째는 '일을 과도하게 하는 사람Overdoer' 유형인데 이들은 다른 사람의 부탁을 거절하지 못해. 그래서 해야 할 일은 계속 늘어나는데 어찌할 바를 모르지. 넷째는 '몽상가Dreamer' 유형이야. 비현실적 낙관주의자인 이들은 열 시간 걸릴 일도 '두어 시간 하면 될 거야'라고 믿고 빈둥대다가 시간을 못 맞추기 일쑤야. 다섯째는 '반항아Defier' 유형이야. 어릴 때부터 다른 사람이 시키는 일은 모두 잔소리로 여겨 싫어했고, 하기 싫으니 끝까지 꾸물대는 사람이지. 마지막 유형은 '마감의 스릴을 즐기는 사람Crisis-maker'이야. 이들은 마감 시간이 임박해서 일할 때 오히려 살아 있다는 느낌을 받고 성과도 더 좋다고 믿는 감각추구형이지. '거 봐, 남들이 열 시간 걸리는 일도 난 세 시간에 끝낼 수 있다니까'라는 자부심으로 사는 이들이지만 일을 끝까지 미룬다는 건 다른 유형들과 큰 차이가 없어. 서페이딘에 따르면 꾸물이는 앞의 여섯 유형 중 몇 가지를 동시에 갖고 있다고 해.

실수를 두려워하는 꾸물이들

세계 인구의 20퍼센트가 꾸물이라는 통계도 있어. 꾸물이들은 대부분 자신이 게을러서 꾸물거린다고 생각하지만 사실은 잘하고 싶은 마음이 꾸물거리게 만드는 거야. 완벽한 상황, 완벽한 계획, 완벽한 성공을 위해 처음에는 아주 조심스럽게 행동하다가도 막상 하나라도 실수를 하고 나면 완벽한 모습에 금이 갔다고 느끼는 이들은 '에라 모르겠다'라는 식으로 충동적으로 변해버리지.

　이를 보여준 실험도 있어. 2017년 폴란드 심리학자 미카왈로스키*Michalowski* 등이 함께한 연구팀은 꾸물이 대학생과 일반 대학생을 대상으로 실험을 했어. 이들에게 청기 백기 올리기와 비슷한 단순 반복 과제를 주고, 반응속도가 '보상(맞추면 돈을 줌)'이냐 '처벌(틀리면 돈을 내야 함)'이냐에 따라 어떻게 바뀌는지 살펴본 거야. 보상 조건에서는 꾸물이와 일반 대학생의 반응 속도가 비슷했어. 하지만 처벌 조건 앞에서 꾸물이가 답을 하는 데는 10퍼센트 가까운 시간이 더 걸렸지. 꾸물이는 '실수하면 안 돼'라고 생각하며 더 신중해졌던 거야.

여기서 재미있는 건 처벌 조건에서 꾸물이들이 실수를 한 다음 나타난 반응 속도야. 일반 대학생은 실수한 뒤에 반응 속도가 느려졌어. 잠시 마음을 가다듬고 생각할 시간이 필요했기 때문이지. 하지만 꾸물이는 실수를 한 번 해서 돈을 잃고 나면 반응 속도가 훨씬 빨라져. '잘못을 만회해야 해'라는 생각에 충동적인 모습을 보이는 거지.

꾸물이 탈출법

꾸물이를 극복하고 싶다고? 그러면 네 가지만 기억해.

첫째, 생각하는 데 많은 시간을 들이기보다 해야 할 일과 관련된 작은 행동부터 시작하기. 시험 공부를 한다면 계획표를 근사하게 짜는 데만 시간을 들일 게 아니라 교과서를 펼쳐 앞의 세 페이지를 큰 소리로 읽어봐.

둘째, 하기 싫은 일을 시작할 때 자신만의 주문 만들기. '3, 2, 1, 시작!'처럼 시작한다는 걸 강조하는 나만의 주문을 만드는 거지.

셋째, 계획은 15분 단위로 세우기. 작은 목표일수록 이루기가 쉽고, 덕분에 차근차근 달성할 가능성도 커.

넷째, 해야 할 일을 냉장고와 화장실 문 등 집 안 곳곳에 써 붙여서 빨리 해결하고 싶게 하는 거야.

꾸물거리지 않아도 너는 잘할 수 있어. 잘하고 싶으니까 잔걱정이 많아지고, 신경 쓰다 보니까 일을 시작하지 못하고 계속 생각만 하는 거지. 사람은 누구나 크고 작은 실수를 하는 평범한 존재야. 실수에 대한 부담을 내려놓는 것부터 시작해보면 어떨까?

Day
12

너의 가능성을
스스로 믿어보렴

발
전
추
구
vs.
실
패
회
피

어떤 목표를 이루는 과정에서 사람들의 태도는 크게 두 가지로 나뉜대. '지금보다 더 나아지고 싶다', '실력을 향상시켜야지'와 같이 발전하는 데 집중하는 사람과, '실수하면 어떡하지?', '결과가 나쁘지 않아야 할 텐데' 하며 실패하지 않는 데 주력하는 사람. 미국 컬럼비아대학교 교수이자 사회심리학자 토리 히긴스*Higgins*는 전자의 태도를 '향상 초점*Promotion Focus*', 후자를 '예방 초점*Prevention Focus*'으로 분류했지. 대부분의 사람들은 이 두 가지 성향을 어느 정도 가지고 있지만, 둘 중 높은 성향에 따라 '발전 추구형'과 '실패 회피형'으로 분류할 수 있어. 둘 중 과연 어떤 태도가 목표 달성에 유리할까?

이와 관련해 2008년 영국 켄트대학교 심리학과의 요아힘 스토버Stoeber 교수는 동료들과 함께 다양한 그룹에 대한 연구를 진행했어. 우선 비슷한 학업 능력을 지닌 영국 대학생 100명을 대상으로 발전을 추구하는 성향과 실패를 두려워하는 성향 수준을 측정했지. 발전 추구형은 '나는 최대한 탁월함을 추구한다', '목표가 정해지면 나는 완벽주의자가 된다' 등의 질문에 긍정적으로 답했고, 실패 회피형은 '일이 잘 진행되지 않으면 심하게 스트레스받는다', '실수하면 매우 화가 난다' 등의 질문에 그렇다고 답한 경우가 많았어.

그런 다음 학생들에게 일곱 종류의 시험지를 나눠주고 이 중 하나를 자유롭게 선택해 풀도록 했대. 학생들에겐 시험지마다 난이도가 다르다고 했지만, 실은 모두 같은 시험지였어. 학생들은 어떤 선택을 했을까? 결과적으로 탁월함을 추구하는 성향이 높을수록 어려운 시험지를 선택하는 경우가 많았어. 자신의 능력에 대한 자신감이 높기 때문이지. 반면 실패에 대한 두려움이 큰 학생들은 상대적으로 쉬운 시험지를 택했어. 다시 말해 발전 추구형 학생들은 자신의 능력에 대한 자신감이 높은 반면, 실패 회피형 학생들은 자신감이 낮았던 거야.

학생들의 성향에 따라 평가에 대한 반응도 달랐어. 발전 추구형 학생들은 '성적이 좋다'는 칭찬을 받은 뒤 전보다 더 높은 수준의 시험지를 고른 반면, 실패 회피형 학생들은 칭찬보단 '성적이 나쁘다'는 평가에 더 민감했지. 그래서 부정적인 평가를 받은 뒤에 두 번째 시험에선 낮은 수준의 시험지를 골랐어.

연구팀은 이런 성향에 따라 실제 목표 달성 여부도 달라지는지 실험해봤어. 비슷한 신체 능력을 지닌 독일 대학생 122명을 대상으로 '한 발로 점프해서 농구 골대에 공 넣기'라는 기술을 새로 훈련시킨 다음, 네 차례 수행평가를 시행한 거야. 그 결과, 발전 추구형 성향이 높을수록 공을 넣을 가능성이 유의미하게 커졌어. 반면 실패 회피형 성향이 높을수록 공을 넣을 가능성은 작아졌지. 두 연구 결과는 탁월함을 추구하는 태도가 실패를 피하려는 태도에 비해 스스로에 대한 자신감을 높이며, 나아가 목표 달성에도 훨씬 유리하다는 것을 보여주고 있어.

플러스 늘리기

스토버는 두 성향과 정신건강의 관계에 대한 연구도 했어. 음악을 전공하는 독일 고등학생 146명을 대상으로 실시한 이 연구에 따르면, 발전 추구형 학생들은 어떤 목표에 대해 스스로 흥미나 호기심을 갖고 노력하는 내재적 동기가 높게 나타났어. 또 목표를 이루기 쉽지 않아도 더 많이 노력하는 것으로 극복하고자 했지. 이 과정에서 겪는 스트레스도 비교적 낮았고. 반면 실패 회피형 학생들은 주로 물질적인 보상 등 외재적 동기에 따라 노력하는 경우가 많은 데다가 스트레스 수준도 더 높은 것으로 나타났어. 독일 운동선수 204명을 대상으로 한 또 다른 연구에 따르면, 실패 회피형 성향은 정신적 불안뿐 아니라 복통 등 신체적 증상도 쉽게 나타난 걸로 확인되고 있어.

스토버의 연구 결과는 결국 우리가 어떤 목표를 추구할 때 '못하면 어떡하지' 혹은 '결과가 나쁘지 않아야 할 텐데'라는 '마이너스(-) 줄이기' 식 태도로 임하는 것보다 '지금보다 나아지는 것을 목표로 한다'와 같은 '플러스(+) 늘리기' 식 태도로 임할 때 목표 달성 가능성이 커지고, 정신적으로도 더 건강해진다는 것을 의미해.

너의 가능성은 무한해. 실패하게 되더라도 더 크게 성장할 수 있어. 자신감을 갖고 더 큰 목표를 향해 도전해봐.

Part 2

관계의 기본을

알고 싶은

아이에게

함께 쓰는 것일수록
아껴 써야 해

언제부턴가 미세먼지 때문에 밖에서 제대로 숨을 쉴 수가 없게 돼
버린 건 알지? 뉴스 기사를 보니까 올겨울도 미세먼지가 심각한
수준일 거라고 하더라. 당일 초미세먼지 평균 농도가 기준치를 넘
어서고, 다음 날 초미세먼지 농도도 마찬가지일 거라고 예측되면
'미세먼지 저감조치'가 발령된대. 이 조치가 내려지면 홀수 날에
는 차량번호 끝자리가 홀수인 차만, 짝수 날에는 짝수인 차만 운
행하는 차량 2부제를 실시하게 돼. 낡은 경유 트럭 운행도 제한되

고. 차를 산 게 잘못도 아닌데 왜 우리는 이렇게 불편한 규칙을 만들고 지켜야 하는 걸까?

그건 우리가 숨 쉬는 대기 환경이 공공재公共財이기 때문이야. 공공재는 모든 사람이 공동으로 쓸 수 있는 재화나 서비스를 말해. 하늘은 미세먼지로 뿌옇기만 한데 나만 편하자고 다들 자동차를 끌고 나오면 공기가 어떻게 되겠어? 이렇게 함께 사용하는 걸 함부로 쓰는 게 과연 남에게만 불편을 주는 일일까?

함부로 쓰는 건 모두가 불편해지는 일

각 지역의 자치단체에서 운영하는 공공 자전거를 본 적 있니? 서울에는 '따릉이', 대전에는 '타슈', 경상남도에서는 '타랑께'라고 부르는 자전거 말이야. 타슈를 운영하고 있는 대전시에서는 시민들의 안전을 위해 무료 자전거 안전모를 200개 비치했어. 그런데 이 안전모들이 한 달 만에 140개가 없어졌대. 비슷한 정책을 시행 중인 다른 도시도 상황은 마찬가지고. 세종시도 무료로 비치한 안전모 중 약 33퍼센트가 없어졌다나 봐. 이렇게 누구나 공짜로 자유롭게 사용할 수 있는 공공 자원을 사람들이 마구잡이로 써서 금세 바닥나는 현상을 '공유지의 비극'이라고 해.

가끔 보면 시민들이 함께 즐기는 공원에 과자 봉지나 담배꽁

초를 아무렇지 않게 버리는 사람들이 있어. 공유 자원은 함부로 써도 그 책임을 내가 질 필요가 없기 때문에 '나 하나쯤이야'라고 생각하는 거지. 그런데 모두 같은 생각으로 행동한다면 공원은 어떻게 될까?

옛날 어느 마을에 주민들이 가축을 풀어놓고 마음껏 풀을 먹일 수 있는 공동의 목초지가 있었어. 누구나 공짜로 이용할 수 있는 곳이었지. 주민들은 너도나도 자기가 기르는 양들을 목초지로 데리고 나와서 풀을 뜯어 먹을 수 있게 했어. 어차피 공짜니까 다른 사람보다 양을 많이 데리고 나오는 게 자신에게는 훨씬 이득이었지. 그래서 사람들은 너 나 할 것 없이 더 많은 양을 데리고 나왔어. 목초지는 그렇게 양으로 가득 차게 됐지. 그렇게 많은 양들이 앞다퉈 풀을 뜯었으니 넓고 푸르렀던 이 목초지가 어떻게 됐겠어? 순식간에 풀 한 포기 찾아볼 수 없는 메마른 황무지가 되어버린 거야. 그래서 결국 양들은 더 이상 풀을 뜯지 못하게 됐고, 주민들도 새로운 초원을 찾아 떠나야 했대.

처음에는 양을 잔뜩 데리고 와서 실컷 풀을 먹일 수 있는 게 마냥 좋았을 거야. 하지만 그 결과 사람들은 또 굶주린 양을 데리고 목초지를 찾아 먼 길을 떠날 수밖에 없게 된 거지. 개인의 욕심은 공동체 전체를 망칠 수 있어. 나 역시 그 공동체 안에 있다는 사실을 잊지 마.

유리창이 깨진 차 한 대가 가져온 변화

모두가 아껴 썼다면 좋았을 텐데 왜 그러지 못해서 일을 망치는 건지 이상하고 궁금하지? 혹시 '깨진 유리창 이론*Broken Window Theory*'에 대해 들어본 적 있니? 1969년 미국 스탠퍼드대학교의 심리학 교수였던 필립 짐바르도*Zimbardo*는 유리창이 깨지고 번호판도 없는 자동차를 뉴욕 거리에 방치해놓고 사람들을 관찰했어. 그 차가 어떻게 됐게? 사람들은 자동차 안이나 주변에 쓰레기를 버리고 가는 건 물론이고, 타이어를 훔쳐 가기도 했지. 그 차가 버려진 거라고 생각했기 때문이야.

사람들은 법과 질서가 제대로 지켜지지 않고 있다고 판단하면 '나 하나쯤이야'라는 마음을 더 갖기 쉬워져. 시민들의 작은 일탈을 그대로 방치했을 때 더 큰 문제로 이어지게 되는 것도 바로 그 때문이지.

누군가 등산하면서 생긴 쓰레기를 깜빡 하고 산에 두고 내려왔는데, 아무도 치우지 않으면 나중엔 그 자리에 쓰레기가 가득 쌓이게 되는 거야.

공유지의 비극, 막을 수 있을까

공공재를 쓸 때는 남이 보든 그러지 않든 올바른 행동을 하겠다는 마음가짐을 갖는 것이 중요해. 자전거 안전모를 사용했다면 다음 사람을 위해 원래 있던 자리에 가져다 놓는 거지.

우리의 행동은 인격을 나타내는 지표야. 양심적으로 행동하는 건 스스로에 대한 약속을 지키는 명예로운 일인 거야. 비양심적으로 행동하면 자신에 대한 긍지가 낮아지기 때문에 부끄러운 마음이 드는 거고.

한 사람의 양심적인 행동은 사회 전체에도 큰 영향을 줘. '왜 나만 안전모를 가져다 둬야 하지?' 하는 의문이 들 수도 있지만 내가 이용한 안전모 역시 다른 누군가가 되돌려놓은 거란 걸 잊어서는 안 돼. 전에 사용한 사람이 제자리에 두지 않았다면 나도 사용할 수 없었을 테니까.

공유지의 비극을 막고 싶다면 공공재를 이용하는 사람들이 모여 자발적으로 규칙을 만드는 것도 좋은 방법이야. 앞에서 이야기한 목초지의 경우라면 한 번에 풀어놓을 수 있는 양의 수를 제한하거나 양을 풀어놓는 순서를 주민들끼리 정할 수 있겠지. 공동체에서 정한 규칙을 어기는 사람을 규제하는 법을 만들어 지속적으로 적용하면 더욱 도움이 될 거야.

어떻게 보면 우리 지구도 하나의 거대한 공공재일 수 있어. 아름다운 지구는 우리 모두의 자산이라는 걸 기억하고, 내 작은 행동 하나가 세상을 바꿀 수 있다고 믿어보렴. 너의 배려와 양심적인 행동은 결국 너에게 더 큰 도움으로 돌아오게 되어 있어.

서로에게 믿을 만한 사람이
되어줄 순 없을까?

죄
수
의
딜
레
마

영국의 경제 전문지 〈이코노미스트〉는 2019년 "베트남에서 열린 미·북美·北 정상회담에서 트럼프 미국 대통령과 김정은 북한 국무 위원장이 각자 먹을 음식이 담긴 접시를 받는 대신, 식탁에 음식 을 놓고 함께 덜어 먹었더라면 협상 결과는 달랐을 수 있다"라고 보도했어. 협상 내용이 음식과 관련된 것도 아닌데 왜 그런 보도 를 한 걸까? 정말 근거가 있는 이야기일까?

믿지 못해 생기는 불이익

A와 B라는 음료 회사가 있어. 둘 다 음료 광고를 하지 않으면 두 회사 모두 광고비를 아낄 수 있지. 그런데 한 회사는 광고를 하고 다른 회사는 하지 않으면, 광고를 안 한 쪽만 손해를 보게 될 거야. 사람들이 광고를 보고 그 회사 제품을 더 많이 살 테니까. 이런 상황에서 A회사 사장과 B회사 사장이 과연 상대방을 믿고 함께 광고를 하지 말자는 신사협정을 맺을 수 있을까? 서로를 믿지 못하는 두 회사는 아마 울며 겨자 먹기로 광고를 계속 해야 할 거야.

  현실에서도 비슷한 일이 많았어. 2차 세계대전 이후 냉전 시대에 서방 세계를 중심으로 한 북대서양조약기구NATO와 구舊 소련을 중심으로 한 바르샤바조약기구가 벌인 군비 경쟁이 대표적이지. 전쟁은 끝났지만 미국과 소련을 앞세운 동맹국 간에는 여전히 긴장이 계속되고 있었어. 그러다 보니 더 강력한 무기를 갖추기 위한 보이지 않는 경쟁이 시작된 거지. 두 기구가 무기 개발 경쟁을 멈췄다면 그렇게 무기를 만드는 데 천문학적인 비용을 쓰지는 않았을 거야. 하지만 상대방을 믿고 무장 해제를 하기엔 양쪽 모두 위험 부담이 너무 컸어. 결국 냉전이 끝날 때까지 군비에 대한 출혈 경쟁은 계속될 수밖에 없었지.

  이렇게 협력이 어려운 이유는 상대방을 믿지 못하기 때문이야. 이런 상황을 경제학과 심리학 등에서는 '죄수의 딜레마Prisoner's

Dilemma'라고 해. 함께 범죄를 저지른 두 사람이 있을 때, 검사는 이 둘을 각기 따로 만나 "상대를 배신하고 범행을 자백하면 석방시켜 주겠다"라고 설득하지. 둘 중 한 사람만 자백하면 자백한 사람은 석방되고 다른 사람은 3년형을 받고, 둘 다 자백하면 둘 다 2년형, 둘 다 침묵하면 둘 다 1년형을 받는 상황이야. 이론적으로 보면 서로 의리를 지키고 말하지 않는 게 이익이지만, 나는 자백하지 않았는데 상대방이 자백을 하게 되면 나만 감옥에 가게 되는 상황이다 보니 서로를 믿지 못해 자백을 해버리는 거지. 그래서 수사 기법으로도 많이 활용돼.

함께 밥을 먹는 것만으로도

그런데 이 개념을 응용해서 협력을 촉진시킨 사례도 있었어. 미국 컬럼비아대학교의 하비 호른슈타인*Hornstein* 교수 연구팀은 1975년 실험 참가자들을 세 그룹으로 나눠 서로 믿지 못하고 경쟁할 수밖에 없는 상황에 놓이게 한 다음 각기 다른 뉴스를 보여줬어. A그룹에는 모르는 사람에게 신장을 이식해준 감동적인 뉴스를, B그룹에는 존경받던 성직자가 여성 조각가를 살해한 섬뜩한 뉴스를 들려주고, C그룹에는 아무 뉴스도 들려주지 않았지. 그 결과 감동적인 사연을 들은 A그룹이 다른 그룹보다 훨씬 자주 협력 행동을 했어. 어떤 경험을 하느냐에 따라 협력 행동이 늘어날 수 있다는 걸 보여준 사례라고 할 수 있지.

미국 코넬대학교 연구팀이 국제 학술지 〈심리 과학〉에 실은 연구 결과를 보면, 한 접시에 있는 음식을 나눠 먹는 것도 협상을 성공으로 이끄는 데 도움이 된다는 걸 알 수 있어. 이 연구팀은 서로 모르는 참가자 100명을 두 그룹으로 나눴어. 그리고 A그룹에는 회사 역할을, B그룹에는 노조 역할을 맡겼지. 참가자들은 협상 전에 식사를 했는데 그중 절반은 한 접시에 토르티야 칩을 받아와 함께 나눠 먹고, 나머지 절반은 각자 따로 먹었어.

그 결과, 음식을 따로 먹은 사람들은 임금 협상이 타결되기까지 평균 13.2번 협상을 한 반면, 음식을 함께 나눠 먹은 사람들은 평균 8.7번의 협상으로 임금 타결에 성공했어. 연구팀은 이런 실험 결과에 대해 "음식을 나눠 먹으면 한정된 자원을 두고 서로 경쟁할 것 같지만, 실제로는 식사하면서 서로가 원하는 걸 잘 알게 돼 협동하게 된다"고 말했지.

그럼 다시 맨 처음 했던 이야기에 대해 생각해볼까? 이렇게 협상 전에 어떤 경험을 하느냐에 따라 결과가 달라질 수 있기 때문에 앞에 나온 〈이코노미스트〉 보도에서처럼 각국의 정상이 회담 전에 만나 함께 밥을 먹었다면 서로 더 협력하는 마음이 생겼을지도 모른다는 결론이 나올 수 있었던 거야.

만약 친해지고 싶은 사람이나 함께 과제를 해야 하는 친구들 있으면 시작 전에 함께 밥을 먹으렴. 서로를 더 신뢰해 좋은 결과를 얻을 수 있을 테니까.

호감을 얻고 싶다면
자주 만나 공감해줘

에
펠
탑
효
과
와
유
사
성
효
과

누구에게나 좋아하는 사람이나 좋아하는 물건이 있을 거야. 다른 사람 또는 다른 물건들도 많은데 왜 하필 그 사람 또는 그 물건을 좋아하게 됐을까? 호감은 우리가 생각지 못한 상황 속에서 우연히 또는 자연스럽게 생겨날 수 있어. 지금 호감을 얻고 싶은 사람이 있다면 이야기를 잘 들어봐.

호감의 법칙

미국의 사회심리학자 로버트 자욘스Zajonc는 우리가 새로운 대상에 자주 접촉할수록 호감이 증가한다고 했어. 이걸 '단순노출 효과'라고 하지. 자욘스는 한자漢字를 모르는 미국 대학생들에게 몇 가지 한자를 보여줬어. 어떤 한자는 반복해서, 어떤 한자는 단 한 번만 보여줬지. 실험에 참가한 학생들은 한자 뜻을 몰랐지만 자주 본 한자일수록 '좋은 뜻일 것'이라고 믿었대. 단지 많이 보여줘서 익숙해진 것뿐인데 이런 효과가 나타난 거지.

이를 '에펠탑 효과Eiffel Tower Effect'라고도 불러. 에펠탑을 본 적 있니? 프랑스 파리에 가면 누구나 들러 사진을 찍는 대표적인 관광지이자 랜드마크잖아. 그런데 19세기 말 에펠탑이 처음 완성됐을 땐 '흉측한 철골 구조물'이라는 비판이 빗발쳤어. 프랑스 소설가 기 드 모파상Maupassant은 에펠탑이 보기 싫다면서 매일같이 에펠탑에 있는 식당을 찾았대. 에펠탑 아래 있어야 에펠탑이 보이지 않는다는 이유로 말이야. 그런데 지금의 에펠탑은 프랑스를 대표하는 건축물이 됐지. 자주 보고 익숙해지니까 평가가 달라진 거야.

사람을 만날 때도 마찬가지야. 이성을 보고 첫눈에 반했다고 해서 바로 고백하기보다는 서로 얼굴도 익히고, 조금씩 인사도 하면서 경계심을 줄인 다음 마음을 전하면 진심이 더욱 잘 전해지지 않을까? 하지만 그렇게 자주 마주치는 동안 안 좋은 모습만 보인다면 아무 소용없어. 나의 장점을 충분히 보여줘야 해.

그동안 멋진 모습을 잘 보여줬는데 좋아하는 사람 앞에서 그만 넘어져버렸다고? 그 정도라면 걱정 마. 미국의 심리학자 엘리엇 애런슨*Aronson*은 대학생들을 대상으로 좋은 학교, 좋은 집안 출신으로 완벽하고 실수도 없는 사람과, 완벽한데 커피를 쏟는 것 같은 사소한 실수를 한 사람이 있다면 누가 더 매력적인지 물었어. 실험에 참가한 대학생들은 사소한 실수를 하는 사람이 더 매력적이라고 말했지. 능력은 완벽한데 사소한 실수를 하는 걸 보면서 사람들은 '저 사람도 우리와 다르지 않구나'라고 생각하며 인간미를 느끼고 호감도 덩달아 높아지는 거야.

그런데 불행하게도 사소한 실수를 한 평범한 사람은 실수가 없는 평범한 사람보다 호감도가 낮았어. 잘났으면 사소한 실수를 하는 게 인기를 얻는 길이고, 평범하면 실수를 하지 않는 게 호감도가 더 높다니 역시 잘나야 하는 걸까?

대단히 멋지거나 비슷하거나

겉모습으로 사람을 평가하는 '외모지상주의'가 옳지 않다는 건 누구나 아는 사실이야. 하지만 현실에서 사람들은 자기도 모르게 '얼굴이 고우면 마음씨도 곱다'고 생각할 확률이 높지. 이런 현상을 심리학에서는 '후광後光 효과'라고 해. 머리 뒤가 환하게 빛나는 모습을 상상하면 쉽게 이해되지? 많은 사람들은 외모가 뛰어난 사람이 성격이나 능력 등 다른 영역도 뛰어날 거라고 생각한대. 외모가 주는 후광 때문에 이성적인 판단력이 약해지는 거지.

하지만 좋아하는 마음이 꼭 외모로 정해지는 건 아니야. 사람들은 자기 자신과 비슷한 사람을 좋아하는 경향이 있어. 이야기를 나누다가 한 친구가 나와 같은 책을 읽고 감명받았다거나 같은 영화를 재미있게 봤다고 하면 갑자기 친근감이 들지? 때론 이 만남이 '운명적'이라고 느껴지기까지 하지. 심리학에서는 이런 현상을 '유사성 효과Similarity Effect'라고 해. 관심사나 취미가 비슷한 사람과는 공감대를 형성하고 친밀감을 느끼기 쉽거든. 또 삶의 가치나 신념이 비슷한 사람을 만나면 자신이 지닌 삶의 태도를 인정해주고, 자신의 가치관을 존중해준다는 느낌을 받아 더 쉽게 친해질 수 있지.

사람들은 이렇게 여러 경로를 통해 호감을 느끼게 돼. 누군가에게 호감 가는 사람이 되고 싶다면, 먼저 그 사람을 자주 만나고 그 사람의 이야기에 귀 기울여봐. 그리고 이야기에 공감해주는 거지. 누군가 나를 좋아한다고 생각하면 그 사람에게 더 솔직해지기도 하고 다른 의견을 내도 잘 받아들이게 된대.

긍정적인 태도도 중요해. 생각해봐. 늘 불평을 달고 다니는 사람보다 불만족스럽더라도 긍정적인 태도로 최선을 다하는 사람이 너도 보기 좋지 않아? 오늘은 잠들기 전에 '오늘 하루 나는 누군가에게 좋은 에너지를 전달하는 사람이었는지' 생각해보는 거 어때?

카
멜
레
온
효
과

좋아하면 닮고,
닮으면 좋아진단다

'부부는 닮는다'라는 속설은 과연 사실일까? 함께 시간을 보내다 보면 친한 친구끼리도 닮아가곤 해. 그럴 때는 얼굴이 닮는다기보 다는 말투나 행동이 서로 비슷해지는 것 같아. 결혼을 해서 좋아 하는 사람과 오랜 시간을 함께하다 보면 서로 상대방의 표정을 흉 내 내게 된대. 그렇게 두 사람이 같은 얼굴 근육을 반복해 사용하 면서 얼굴 근육과 주름 형태가 닮아가고, 그러다 보면 인상이 닮 게 되는 거지. 심리학에서는 이걸 '카멜레온 효과Chameleon Effect'

라고 불러. 카멜레온이 빛의 강약과 온도에 따라 몸의 빛깔을 변화시키는 것처럼 가까이 있는 사람의 행동에 맞춰 나의 행동을 바꾸게 된다는 거지.

네가 웃으면 나도 웃음이 나와

웃는 사람을 보면 같이 웃음이 나오기가 쉬워. 1999년 뉴욕대학교 심리학과의 타냐 차트랜드*Chartrand*와 존 바*Bargh* 교수 연구팀은 뉴욕대학교 학생을 대상으로 카멜레온 효과를 검증해봤어. '사람 사이에서 행동 모방이 일어나는지', '공감 능력이 뛰어난 사람이 무의식적으로 행동을 더 모방하는지', '내 행동을 모방하는 사람에게 더 호감을 느끼는지'에 대해 연구했지.

먼저 차트랜드 교수 연구팀은 사전에 각 참가자로 하여금 실험 조교와 짝을 이뤄 대화를 나누게 했어. 그리고 두 사람이 이야기하는 장면을 동영상으로 촬영해 분석했지. 그 과정에서 조교는 일부러 얼굴을 문지르거나, 발을 떨거나, 다리를 꼬거나, 미소를 짓는 등의 행동을 했는데, 조교가 얼굴을 문지르면 참가자들도 자신의 얼굴을 문지르는 행동이 관찰됐어. 영상 분석 결과, 실험 참가자들은 실험 조교가 미소를 지을 때 더 많이 미소를 지었지. 30~50퍼센트의 참가자가 이런 카멜레온 효과를 보였대.

다음 실험에서도 앞선 실험과 비슷하게 조교와 학생이 단둘이 대화를 나눴는데, 이번엔 사전에 참가자들의 공감 능력을 측정해 그룹을 나눴어. 공감 능력이 높은 사람과, 공감 능력이 낮은 사람 중 누가 더 조교 행동을 따라 하는지를 살펴본 거지. 50명의 데이터를 분석한 결과, 공감 능력이 높은 학생일수록 조교의 얼굴 문지르기와 발 떨기를 더 많이 따라 한 것으로 나타났어. 연구팀은 공감 능력이 높은 사람들이 타인에 대해 더 많은 관심을 기울이기 때문에 카멜레온 효과도 강력했다고 분석했지.

다른 실험에서는 조교와 참가 학생이 15분간 서로 사진에 대해 토론하게 한 뒤 학생들에게 조교에 대한 호감도를 물었어. 연구팀은 70여 명의 학생을 두 그룹으로 나눠서 A그룹 학생과 대화할 때는 조교에게 티 나지 않게 학생의 행동을 모방하게 했고, B그룹 학생과 이야기할 때는 조교에게 학생 행동을 모방하지 말라고 했지. 그 결과, 실험 조교가 참가자의 행동을 모방한 A그룹에서 평균적으로 호감도가 15퍼센트가량 높게 나왔어. 남녀 차이 없이 말이야. 결론적으로 우리는 자신의 동작과 행동을 따라 하는 사람에게 호감을 갖는 경향이 있다는 거지.

이런 카멜레온 효과는 다른 영역에도 적용돼. 연구에 따르면 협상할 때 상대방 몸짓을 티 안 나게 흉내 냈을 때 협상 결과가 좋았대. 또 음식점에서 종업원이 고객의 식사 주문 내용을 똑같이 반복해 말하면 그렇지 않았던 다른 종업원보다 팁을 70퍼센트까지 많이 받았다는 연구 결과도 있지.

　카멜레온 효과는 사람이 누구를 믿을 수 있는지 알아내기 위한 무의식적 방법이라는 분석도 있어. 미국의 사회심리학자 애덤 갈린스키Galinsky는 "상대방과 (자신이) 잘 맞는지 살펴보기 위해 무의식적으로 상대 행동에 자신의 행동을 일치시켜 보는 것"이라고 했거든.

따라 하다 들키면 역효과

앞에서 보았듯이 상대방 행동을 따라 하면 카멜레온 효과로 인해 호감을 살 수 있어. 연애 코치들은 그래서 이를 이용해 다른 사람의 호감을 얻으라고 조언하기도 하지. 하지만 그런 사실이 들통나면 오히려 반감을 살 수 있다는 연구도 있어. 자연스럽게 따라 하면 모를까 억지로 상대방 행동을 흉내 내다 들키면 역효과가 난다는 거야. 그러니까 억지로 상대방의 행동을 흉내 내려 하기보다는 공감 능력을 길러보는 게 좋아.

　앞의 실험에서 공감 능력이 뛰어난 사람이 상대방의 행동을 무의식적으로 더 많이 따라 했다는 결과 봤지? 경청하고 공감하면 자연스럽게 카멜레온 효과가 발휘되는 법이야.

Day
17

확증편향

네 생각이 틀릴 수도 있다는 걸 잊지 마

특정 이념에 사로잡힌 정치인은 이에 대해 반박하는 무수한 근거에도 꿈쩍하지 않아. 물론 일반인들도 마찬가지지. 하나의 정당을 지지하는 사람들은 자신이 지지하지 않는 다른 정당 사람들의 이야기에는 귀를 닫곤 하거든.

"A당 정치인들은 하나같이 정직하지 않은 사람들이야. 내 말이 맞다니까. 거 봐, 부정부패 혐의로 기소된 사람들도 여럿이잖아."

하지만 A당에는 한 번도 기소된 적 없는 성실하고 청렴한 정치인이 더 많다는 사실은 보려고 하지 않아. 왜 그럴까?

자신의 입장을 바꾸지 않으려는 '확증 편향'

객관적인 자료를 제시해도 이를 무시하고 자신의 기존 입장을 전혀 바꾸려 하지 않는 고집을 '확증 편향*Confirmation Bias*' 혹은 '선택적 사고'라고 해. 객관적인 증거를 무시하고 자신이 보고 싶은 것, 믿고 싶은 것만 선택적으로 보고 믿는 경향이지.

　2009년 우리나라의 힙합 그룹 에픽하이의 리더 타블로가 학위 관련 논란에 휩싸인 일이 있었어. 미국의 명문 스탠퍼드대학교를 졸업한 것으로 알려졌던 타블로의 학력이 거짓이라고 주장하는 사람들이 등장한 거야. 참다 못한 타블로가 스탠퍼드대학교 졸업장, 성적표, 교수 확인서 등 여러 공식 문서를 공개했는데 그럼에도 타블로를 의심하는 사람들은 '증거도 조작했을 거야', '동명이인의 서류가 틀림없어'라고 우겼어. 수많은 증거에도 그들은 타블로가 사기꾼이라는 자신들의 생각을 굽히려 하지 않았지. 자신들의 주장을 반박할 증거들이 차고 넘치는데도 말이야. 그로 인해 타블로는 정신적 고통을 받을 수밖에 없었어.

　미국의 심리학자 찰스 로드*Lord*는 동료와 함께 사형제도에 상반된 견해를 가진 사람들을 연구했어. 먼저 설문 조사를 통해 대학생 151명에게 사형제도에 찬성하는지, 반대하는지 묻고는 가상의 연구 두 가지를 보여줬지. 한 연구는 사형제도가 범죄율을 떨어뜨린다는 내용이었고, 다른 하나는 사형제도를 시행해도 범죄율은 떨어지지 않는다는 내용이었어. 그리고 학생들에게 어떤 연구가 더 뛰어난지 물었대. 결과는 극명하게 갈렸지. 사형제도에 찬성하는 학생들은 사형제도가 범죄율 감소에 효과적이라는 연구가 더 잘 설계됐다고 평가한 반면, 사형제도에 반대하는 학생은 사형제도가 범죄 예방 효력이 없다는 연구 결과가 더 설득력 있다고 평가했지. 각자 자신의 생각을 받쳐주는 연구 결과를 더 훌륭하다고 말한 거야.

일반적으로 사람은 평소 자신이 갖고 있던 생각을 지지하는 정보를 선호해. 나와 의견이 같은 주장은 유쾌하지만 내 평소 신념을 흔들 수도 있는 팩트는 불편하게 느끼지.

확증 편향은 편견을, 편견은 차별을

미국 애리조나대학교 심리학과의 제프리 스톤*Stone* 교수 연구팀은 1997년 백인과 흑인에 대한 확증 편향을 실험으로 보여줬어. 연구팀은 프린스턴대학교 학생 51명을 두 그룹으로 나눠 20분짜리 대학 농구 시합 라디오 중계를 들려준 뒤 마크 플릭*Flick* 선수가 경기를 어떻게 펼쳤는지 평가해달라고 했지. 모든 참가자가 같은 중계를 들었고, A그룹에는 플릭 선수가 흑인이라는 정보를, B그룹에는 백인이라는 정보를 줬어. 플릭 선수가 흑인이라고 알고 있는 A그룹은 이 선수가 체력도 좋고 실력도 좋고 팀플레이도 잘한다고 후하게 평가했어. 반면 백인이라고 생각한 B그룹은 평가가 박했어. 미국 사람들은 흔히 '흑인이 백인보다 농구를 잘한다'라고 생각하기 때문에 같은 정보를 들어도 평가가 다르게 나타난 거야.

이렇게 확증 편향으로 고정관념이 굳어지면 편견이 생겨서 차별로 이어질 수 있어. 예를 들어, 서양인에게 편견을 가진 사람은 서양인을 만났을 때 평소보다 퉁명스럽게 행동할 가능성이 커. 그러면 그걸 느낀 상대방도 아무래도 부루퉁한 태도로 대답하게 될 거야. 그럼 이 사람은 '거 봐, 내 생각이 맞잖아. 서양인은 원래 동양인을 무시하지' 하면서 그동안 갖고 있던 서양인에 대한 부정적인 고정관념을 더 강화시키고 계속해서 서양인을 싫어하게 되는 거지.

세상에는 다양한 사람들이 함께 살아가고 있어. 차별 없이 조화롭게 더불어 사는 세상을 위해 우리 각자가 고정관념에 갇히지 않도록 노력해야 하지 않을까? 이런 확증 편향에 휘둘리지 않으려면 모두 '내가 틀릴 수 있다'라고 생각하면서 현실을 있는 그대로 보려고 노력할 필요가 있단다.

차별받고 싶은 사람은 세상에 없어. 너도 그렇지? 그렇다면 오늘 너는 친구나 주변 사람들을 차별하지 않았는지 한번 생각해 보렴.

부탁을 할 때는
작은 것부터 시작해봐

문
간
에
발
들
여
놓
기

어느 추운 날 한 아라비아인이 천막을 치고 야영을 하고 있었어.
옆에 있던 낙타가 그에게 말을 걸었지.

"종일 걸었더니 발이 피곤해요. 발만 천막 안에서 쉬게 해주
실 수 있나요?"

고단한 낙타가 안쓰러웠던 아라비아인은 승낙했어. 잠시 뒤 낙
타가 다시 말했지.

"날씨가 추워서 그런데 머리도 좀 넣을 수 있을까요?"

아라비아인은 이번에도 부탁을 들어줘. 그리고 어느 순간 정신을 차리고 보니 낙타는 천막 한가운데에 떡하니 자리를 차지하고 있었지. 그리고 천연덕스럽게 아라비아인에게 말했어.

"천막 안이 좁으니 좀 비켜줄래요?"

결국 아라비아인은 천막 밖으로 내몰려 밤새 추위에 떨어야 했어.

이건 《이솝 우화》에 나오는 낙타 이야기야.

내가 도와주고 싶어서 그런 거야

여기서 낙타가 사용한 기법을 심리학에서는 '문간에 발 들여놓기 *The Foot-in-the-door*'라고 해. 작은 부탁을 들어주다 보면 점차 큰 부탁도 들어주게 되는 현상을 말하지.

1966년 미국 심리학자 조너선 프리드먼*Freedman*과 스콧 프레이저*Fraser* 연구팀은 캘리포니아에 사는 주부 156명을 대상으로 두 그룹으로 나누어 실험을 했어. A그룹은 '문간에 발 들여놓기를 실시한 그룹'이었는데 실험에 앞서 그들에게 전화를 걸어 여덟 개 문항의 간단한 설문 조사를 부탁했지. 여기서는 바로 그 설문 조사가 '문간에 들여놓은 발' 역할을 한 거야. 물론 B그룹엔 그런 설문 조사를 부탁하지 않았고.

연구팀은 사흘 뒤 두 그룹 모두에 전화를 걸어 '두 시간 동안 집을 방문해 찬장과 창고에 있는 물건을 살펴봐도 되겠느냐'고 물었어. 얼굴도 모르는 남이 집에 두 시간이나 들어와 있겠다는 부탁이었는데 A그룹(52.8퍼센트)은 B그룹(22.2퍼센트)에 비해 두 배 넘는 사람들이 이를 수락했지. '문간에 발 들여놓기'가 효력을 발휘한 거야. 작은 부탁을 들어준 사람은 더 큰 부탁도 들어줄 확률이 높아. 흔쾌히 수락할 만한 간단한 부탁을 하면 이후에도 그 사람이 내가 원하는 대로 움직일 가능성이 커지는 거지.

　　이런 현상이 가능한 건 사람들이 가급적 일관성 있게 행동하려고 하기 때문이야. 작은 부탁을 들어주면 그 사람과 유대감을 느끼게 되고, 계속 상대방의 부탁을 들어줘야 한다고 생각하게 되는 거지. 부탁을 들어준 사람은 자신이 조그마한 부탁을 먼저 들어준 것에 '내가 원래 돕고 싶었던 거야'라고 자기 합리화를 하게 돼. 이미 도와주고 난 다음인데 이제 와서 '억지로 도와준 거야'라고 생각한다면 자기 기분만 더 불편해질 테니까. 이때 '인지부조화'가 적용된다고 할 수 있어. 뒤쪽(Day 23 참조)에서 자세히 설명하겠지만 사람은 생각과 행동 사이에 불일치가 생기면 어느 한쪽 방향으로든 일관성을 추구하려고 하기 때문에 이렇게 행동하게 되는 거래.

부탁은 작은 것부터

2016년 프랑스 심리학자 니콜라스 게겐*Guéguen* 연구팀은 이 기법이 범죄를 막는 데도 효과적임을 증명했어. 이들은 프랑스 한 서부 도시 술집 근처에서 남녀 76명을 대상으로 간단한 실험을 했지. 먼저 실험 참가자들을 두 그룹으로 나누고 술집 밖 의자에 혼자 앉아 있게 했어. A그룹 참가자의 옆 테이블에 한 여행객이 앉으며 "지금 몇 시예요?" 하고 묻고는 가방을 테이블에 둔 채 술집 안으로 들어갔지. 반면 B그룹 참가자의 옆 테이블에는 여행객이 어떤 질문도 하지 않고, 잠시 앉아만 있다가 똑같이 가방을 테이블 위에 두고 술집 안으로 들어갔어. 여행객이 몇 시인지 물어본 A그룹에 '문간에 발 들여놓기 기법'을 쓴 거지.

그리고 20초 뒤 실험 조교가 도둑인 척 나타나서 10초가량 술집 안팎을 살피다가 은근슬쩍 여행객이 두고 간 가방을 들고 가려 할 때 참가자들의 반응을 살펴봤어. A그룹과 B그룹 반응은 어떻게 달랐을까? A그룹이 압도적으로 B그룹보다 더 많이 도둑을 막아섰지. A그룹은 84퍼센트가, B그룹은 47퍼센트가 도둑을 가로막은 거야. 시간을 물어보는 짧은 대화가 도둑을 막아서는 행동으로 이어지게 한 셈인 거지. 이는 문간에 발 들여놓기 기법이 범죄 예방에 효력을 발휘한 것으로 해석할 수 있어.

하지만 사기꾼들은 사람들의 이런 선한 마음을 악용하기도 한

대. 처음에 적은 돈을 빌려 달라고 했다가 갈수록 액수를 늘려 결국은 큰돈을 빌리지. 상대방의 신용을 얻기 위해 처음 빌린 적은 돈은 꼬박꼬박 이자까지 더해 갚다가 큰돈을 빌리는 데 성공하면 갚지 않고 숨어버리는 거야.

이렇게 악용해서도, 악용하는 사람에게 당해서도 안 되겠지만 누군가에게 꼭 해야 할 부탁이 있다면 처음부터 큰 부탁을 하기보다는 작은 부탁부터 조심스레 시작하는 게 성공률을 높일 수 있다는 걸 기억해두면 신뢰 있는 관계를 만들 수 있을 거야.

누가 알아주지 않아도 맡은 일에 최선을 다하는 사람이 되렴

링겔만 효과

'백지장도 맞들면 낫다'라는 속담 알지? 아무리 쉬운 일이라도 서로 힘을 합치면 더 수월해진다는 뜻이잖아. 그런데 이 심리학 실험을 보면 '백지장조차 맞들면 게으름을 피운다'라고 바꿔야 할지도 모르겠어.

1913년 프랑스 농업 엔지니어 막시밀리앙 링겔만*Ringelmann*은 '줄다리기' 실험을 했어. 혼자서 10킬로그램을 당길 수 있는 사람이 있다고 가정했을 때, 그런 사람이 네 명 있으면 40킬로그램, 여덟 명 있으면 80킬로그램을 당길 수 있는지 알고 싶었던 그는 정말 그런지에 대해 직접 실험을 해봤대. 결과가 어떻게 나왔는지 한번 볼까?

먼저 두 명에게 줄을 당겨보라고 했는데 20킬로그램이 아닌 18.6킬로그램만 당겨졌어. 각자 93퍼센트(9.3킬로그램)의 힘만 발휘한 거지. 세 명이 당기니 25.5킬로그램, 즉 85퍼센트 힘만 발휘했고, 여덟 명이 당기자 각자 49퍼센트의 힘만 써서 80킬로그램이 아닌 40킬로그램 정도만 당겨졌어. 여덟 명이 고작 4인분 몫을 한 것과 다름없지. 즉, 1 더하기 1이 반드시 2가 되는 건 아니라는 거야.

이렇게 함께 무언가를 할 때 구성원 수가 많아지면 많아질수록 개인이 집단 성과에 공헌하는 정도는 작아지는 현상을 '링겔만 효과Ringelmann Effect'라고 불러.

링겔만 효과는 각자 얼마나 힘을 썼는지 드러나지 않을 때 더 심각해지지. 누가 줄을 얼마나 세게 당기는지 확인하기 어려우니 다들 '나 하나쯤이야' 하고 대충대충 하는 거야. 심리학에서는 이 현상을 '사회적 태만'이라고 해.

농업 엔지니어가 이런 실험을 했다니 신기하지? 링겔만은 사실 독일 산업심리학자 발터 뫼데Moede 아래서 공부했어. 링겔만 실험이 널리 알려진 것도 실험 직후가 아닌 1927년 지도교수였던 뫼데를 통해서였지.

링겔만 효과가 일어나는 이유

학교에서 조별 과제를 해본 적 있지? 회사에서도 팀별 프로젝트를 하게 되는 경우가 있어. 그렇게 여러 명이 작업할 때 '나 하나쯤이야' 하고는 노력하지 않는 게 대표적인 일상 속 링겔만 효과라고 할 수 있어. 왜 이런 심리가 작용하는 걸까?

우선, 집단 작업을 하면 책임이 분산되기 때문이야. 여럿이서 일하니 결과가 나빠도 나만 책임 질 일은 없지. 각자가 얼마나 공헌했는지 분명하게 드러나지 않는 과제에서 이런 사회적 태만이 더 많이 일어나게 돼. 덜 노력해도 과제 수행에 따른 성과를 동등하게 받을 수 있으니 굳이 애써 노력하지 않는 무임승차자가 생기는 거지. 또한 나 혼자만 힘들게 애쓰면 손해를 보는 것 같기 때문이야.

그리고 '팀플레이' 정신이 영향을 미친다고 보는 학자들도 있어. 폴란드와 남아프리카공화국 연구팀 논문(체즈 등, 2016)에 따르면 평소 팀워크가 중요한 스포츠 활동을 했던 참가자들은 그렇지 않은 사람에 비해 사회적 태만이 적게 나타났다고 해. 공동체 정신이 얼마나 중요한지 다른 경로로 몸에 익힌 사람들이라, 스포츠가 아닌 다른 과제를 협업할 때도 게으름을 덜 피운다는 거야. 즉, 개인주의 성향이 강하고, 팀플레이가 뭔지 모르는 사람들이 링겔만 효과를 만든다는 거지.

링겔만 효과, 줄일 수 없을까?

링겔만 효과를 줄이고 싶다면 그룹 작업을 할 때 개인의 기여 정도가 얼마나 되는지 분명하게 드러나게 하는 게 좋아. 각 개인이 기여한 만큼 보상을 받게 하는 거지. 회사에서 이야기하는 '성과 연봉제'가 바로 이런 거라고 할 수 있어.

또 팀 작업을 할 때는 구성원 수가 늘어날수록 각 개인의 책임감도 줄어드니까 팀원 수에 제한을 두는 게 좋아. 분량의 과제를 수행하는 데 꼭 필요한 인원 수를 정하는 거야. 그리고 '최선을 다하라'라는 추상적인 말보다는 구체적인 목표를 제시하는 게 좋지.

'나 하나쯤이야' 하는 마음이 집단 전체의 생산성을 떨어뜨린다는 것을 잘 알겠지?

요즘 식당 예약을 하고 아무 연락 없이 안 가버리는 노쇼*no show* 문제 때문에 상인들이 스트레스를 많이 받는다고 해. 유명한 식당이라 손님이 늘 많다는 이유로 나 하나쯤 '노쇼'해도 괜찮을 거라고 쉽게 생각하지만, 그 결과가 누군가에게는 큰 피해로 돌아갈 수 있어. 우리 스스로 맡은 책임을 다하고 다른 사람의 입장을 헤아리려는 노력이 필요해.

나와 타인을 공평한 잣대로
바라보는 연습이 필요해

이
중
잣
대

사람들은 자신을 평가할 때 왜곡된 반응, 즉 다양한 편향을 보여. 이런 편향은 대부분 자기중심적이 될 수밖에 없지. 자신에게 유리한 방식으로 작동하는 이런 편향을 '자기중심적 편향'이라고 하는데 다음 이야기들을 보면 쉽게 이해할 수 있을 거야.

'내로남불'이라는 말을 들어보거나 써본 적 있니? '내가 하면 로맨스, 남이 하면 불륜'이라는 말의 줄임말 말이야. 재미있게 표현한 거긴 하지만 의미가 없는 말은 아냐. 다른 사람이 할 때는 비

난하던 행위도 막상 자신이 하게 되면 괜찮다고 합리화하는 사람들의 모습을 담은 표현이거든. 몇몇 파렴치한 사람들만 '내로남불' 한다고 생각하겠지만 이는 인간의 기본적인 사고방식이라 모두가 경계해야 하는 태도라는 연구가 있어.

인간은 기본적으로 자신의 행동에 더 관대해. 나를 평가하는 잣대와 남을 평가하는 잣대가 다르기 때문이지. 심리학에서는 이걸 '이중 잣대Double Standard'라고 해.

독일 쾰른대학교의 빌헬름 호프만Hofmann 교수 연구팀은 2015년 미국과 캐나다의 성인 1,252명을 대상으로 진행한 도덕성 연구 결과를 발표했어. 연구자들은 참가자들에게 사흘 동안 무작위로 스마트폰으로 신호를 보냈고, 참가자들은 신호를 받을 때마다 직전 한 시간 동안 자신이 한 도덕적/비도덕적인 일, 직전 한 시간 동안 관찰한 다른 사람의 도덕적/비도덕적인 행동을 적어 보내야 했어.

실험 결과 자신이 도덕적인 일을 했다고 보고한 빈도(7퍼센트)가 타인이 도덕적인 일을 했다고 보고한 빈도(3.5퍼센트)보다 두 배나 많았지. 정말 다른 사람들이 나보다 비도적으로 행동한 게 아니냐고? 모두가 자신이 평균 7퍼센트 빈도로 도덕적인 일을 했다고 보고했다면 다른 사람들이 도덕적인 일을 한 빈도도 비슷해야 정상이잖아. 그러니까 결국 사람들이 자기 자신에게 훨씬 관대했다는 뜻이지.

이렇게 사람들이 이중 잣대를 적용하는 이유는 자신의 모습은 직접 관찰하기 어렵지만, 타인의 모습은 객관적으로 관찰하기 쉽기 때문이야. 그래서 나타나는 현상이 자기 행동은 '상황 탓'을 하고, 남의 행동은 '그 사람 탓'을 하는 거지. 예를 들어, 자신의 시험 성적이 잘 안 나오면 그 원인을 '공부를 충분히 안 해서', '내가 똑똑하지 않아서'라고 생각하기보다는, '이번에 시험 문제가 어렵게 나왔기 때문이야'라고 생각하는 거야. 반면 다른 사람이 성적을 잘 못 받으면 '매일 놀아서'라고 생각하는 거지. 남이 노는 건 내 눈에 잘 보이지만 내가 얼마나 놀았는지는 객관적으로 평가하기 어려우니까.

이런 경우는 운전할 때도 종종 볼 수 있어. 운전자들 중에는 내가 운전할 때 급정거를 하면 '신호가 빨리 바뀌었기 때문'이고, 앞차가 급정거를 하면 '운전 참 못하네'라고 생각해버리는 사람들이 있거든.

잘되면 내 탓, 못 되면 조상 탓

비슷한 의미를 가진 속담으로 '잘되면 제 탓, 못 되면 조상 탓'이란 말도 있는데 이 또한 심리학적 근거가 있어. 심리학에서는 '이기적 편향' 또는 '자기 고양적 편견'이라고 하는데 자신이 어떤 일에 성공하면 '내가 노력했고, 내 능력이 뛰어나서'라고 생각하는 반면, 실패했을 때는 상황을 탓하는 거야. 대학교에 합격하면 내 능력이 뛰어난 거고, 실패하면 선발 과정이 불공정했다고 불만을 토로하는 것도 이런 예라고 할 수 있지. 앞에서 말한 것과 원리는 비슷하지만 이기적 편향은 타인과 비교하는 상황이 아닐 때도 자존감을 보호하기 위해 나타나.

'남들과 달리 내게는 좋은 일이 일어날 거야'라고 믿는 것도 자기중심적 편향의 하나야. '나는 복권을 사면 꼭 당첨될 거야', '남들은 주식 투자로 돈을 잃어도 나는 성공할 거야' 같은 생각을 말하는 건데 여러 실험을 통해 사람들은 '나는 남보다 운이 좋다'고 생각하는 경향이 있다는 것도 확인됐대.

그런데 어떤 사람들의 경우 '자기중심적 편향'의 반대 현상이 일어나기도 해. 어렵게 직장을 얻은 사람이 '내가 잘해서야'가 아니라 '단지 운이 좋았을 뿐이야'라고 말하는 게 대표적이지. 자신이 열심히 노력했기 때문인데도 상황이 따라줬기 때문이라고 강조하는 이런 모습을 '긍정적인 모습 깎아내리기*Discounting the Positives*'라고 해. 우울한 기분에 사로잡힌 사람에게서 특히 이런 모습을 자주 볼 수 있지. 이를 반복하다 보면 기분이 더 우울해지는 악순환에 빠질 위험성이 커. 앞의 예와는 반대의 경우이긴 하지만 이것 역시 자신을 객관적으로 보기 어려워 나타나는 현상이라는 점에서 같은 현상으로 볼 수 있어.

사람은 본래 주관적인 존재야. 그래서 자신에게 유리한 방식으로 생각하게 돼 있지. 하지만 우리는 사람들과 어울려 살아가야 하는 사회에 살고 있잖아. 나를 아끼고, 소중히 생각하는 건 중요해. 하지만 자신을 있는 그대로 수용하는 것도 나를 소중히 생각하는 방법 중 하나지. 그러기 위해서는 나를 포함해 모두에게 공정한 기준을 적용하는 연습이 필요한 거야.

Day 21

도움을 주는 사람이
더 행복해지는 법이야

이
타
적
행
동

사람은 사회적 존재야. 다른 사람과 관계를 끊고 외톨이로 살 수 없다는 뜻이지. 타인과 얼마나 잘 지내는지는 우리가 얼마나 행복한지를 결정하는 중요한 요소라고 할 수 있어. 특히 다른 사람을 돕는 행동과 우리의 행복은 깊은 관련이 있지. 자발적으로 돈을 기부할 때 사람들은 선물이나 용돈을 받을 때만큼이나 기분이 좋아진대.

정말 다른 사람을 도우면 행복해질까? 이 질문에 대한 답은 '그

125

렇다'야. 믿을 수 없다고? 그럼 이걸 증명해줄 두 가지 심리학 실험에 대해 이야기해줄게.

이타적 행동의 효과

미국의 심리학자 소냐 류보머스키*Lyubomirsky*는 학생들을 두 그룹으로 나누고 실험을 했어. A그룹에는 6주 동안 한 주에 다섯 가지씩 손쉽게 할 수 있는 친절한 행동을 하게 했지. 헌혈하기, 친구 과제 도와주기, 친척 어른 찾아 뵙기, 선생님께 감사 편지 쓰기 같은 것 말이야. B그룹은 그냥 뒀어. 실험이 끝난 6주 뒤에 행복감을 측정해보니 B그룹의 행복감은 그대로였지만 친절한 행동을 한 A그룹의 행복감은 실험 시작 직전과 비교했을 때 눈에 띄게 높아져 있었어. 연구팀은 여러 날에 걸쳐 친절한 행동을 하는 것보다 하루에 친절한 행동을 몰아서 할 때 행복감이 더 커졌다는 것도 알아냈지.

행복에 대한 또 다른 실험도 있어. 캐나다의 심리학자 엘리자베스 던*Dunn*이 아침에 직장인 46명을 만나 행복도를 측정한 다음, 20달러(한화 약 2만 2,000원)가 든 봉투를 나눠주며 그날 오후 5시까지 돈을 쓰라고 한 거야. 다만 A그룹에는 자신을 위해 쓰도록 하고, B그룹엔 다른 사람을 위해 쓰도록 했지. A그룹은 이 돈으로 세금을 내거나 평소 갖고 싶던 물건을 샀고, B그룹은 다른 사람에게 줄 선물을 사주거나 기부를 했어. 그런 다음 그들의 행복도를 다시 측정했더니 자신을 위해 돈을 사용한 A그룹보다 타인을 위해 돈을 사용한 B그룹이 더 행복해했어. 사람은 자신을 위해 돈을 쓸 때보다 다른 사람을 위해 돈을 쓸 때 더 행복하다는 결론을 얻게 된 거지.

이외에도 친절하고 이타적인 행동을 하면 여러 가지 긍정적인 효과가 있어. 사람은 도움을 받을 때보다 도움을 줄 때 만족감을 크게 느끼고, 불평불만도 줄어든다고 해. 류보머스키의 2008년 연구를 보면, 자원봉사를 하는 사람들은 그렇지 않은 사람들보다 우울감과 불안 수준이 낮고 미래에 대해 더 희망적으로 생각한대. 또 자신의 문제에 신경 쓰기보다 자신이 이미 가진 것에 감사하는 마음을 갖게 되고.

이타적인 행동을 할수록 수명이 길어진다는 연구도 있어. 미국 심리학자 스테파니 브라운Brown은 배우자, 이웃, 친구 같은 가까운 사람에게 따뜻한 인사를 먼저 건네고, 정서적으로 도움을 주려고 노력하는 노인들이 그렇지 않은 노인보다 더 오래 산다는 걸 밝혀냈지. 이타적인 행동을 하면 자신감이 늘고 스트레스 조절에도 도움이 된다나 봐.

작은 도움부터 스스로 시작하기

물론 무조건 남을 돕기만 한다고 행복해지는 건 아니야. 남을 도울 때도 명심해야 할 게 있어. 독일의 학자 요헨 게바우에르*Gebauer*의 2008년 연구에 따르면 남을 돕는 게 자발적일 때 자존감과 행복감이 높아지고, 의무감일 때는 크게 효과가 없대. 빚을 갚아야 한다는 부담을 느끼면서 남을 도울 때도 마찬가지로 큰 효과가 없고. 스스로 돕고 싶은 마음을 갖는 게 중요한 거지.

어쩌면 이타적인 행동을 해서 행복한 게 아니라, 이미 행복한 사람이 이타적인 행동을 하는 것일 수도 있어. 행복한 사람이 다른 사람을 돕는 데 더 관심이 많다는 연구 결과도 있었는데, 행복한 사람은 친절하게 행동하는 경향이 높고, 많은 시간과 돈을 다른 사람을 돕는 데 사용하는 것으로 밝혀진 거야.

그런데 사실, 행복과 이타적인 행동은 '닭이 먼저냐, 달걀이 먼저냐'와 비슷한 관계라고 할 수 있어. 이타적인 행동을 하면 행복해지고, 행복하면 이타적인 행동을 더 많이 하게 되니까 말이야. 중요한 사실은 이 둘이 서로 협력해 상승작용을 일으킨다는 점이야.

꼭 큰 도움이 아니어도 괜찮아. 나의 행복을 위해서 누군가에게 도움을 주고, 도움을 받아서 행복해진 사람이 또 주변의 다른 사람들에게 도움을 준다면 행복이 잔물결처럼 잔잔하게 퍼져 안전하고 따뜻한 공동체 사회가 될 수 있지 않을까? 오늘 너는 누구에게 어떤 도움을 주었니? 만약 아직 도움을 주지 못했다면 주위에 친절한 인사를 건네는 것부터 시작해도 괜찮아.

Part 3

단단한 마음을

갖고 싶은

아이에게

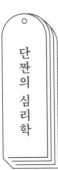

밤늦게 출출한 건
배가 아니라 마음이 고픈 거야

설이나 추석, 크리스마스 같은 연휴가 지나면 사람들은 '아, 이번
에 또 다이어트 실패했어'라고 생각하곤 해. 설·추석·크리스마스
같은 날에는 평소보다 음식을 많이 먹기 십상이니까. 그런데 '배고
파서 먹는 음식'과 '그냥 먹는 음식'이 따로 있다는 거 알아?

    2018년 오스트리아 심리학자인 율리아 라이헨베르거*Reichenberger*
와 동료들은 독일 대학생들을 대상으로 배고픔과 음식에 대한 욕
구 사이 관련성을 알아보는 실험을 했어. 주요 질문은 '지금 얼마

나 배고픈가요?'와 '지금 음식을 먹고 싶은 욕구가 어느 정도인가요?'였지. 연구팀은 하루 다섯 번, 아침 식사 이후부터 저녁까지 이들의 배고픔과 식욕의 관계를 살펴봤어.

큰 틀에서 보면 사람들은 배가 고플수록 식욕도 왕성했던 것으로 나타났지. 특히 점심과 저녁 때 가장 배가 고팠고, 식욕도 이에 따라 높아졌어. 식사 후에는 배고픔과 식욕이 떨어졌지. 그래서 배고픔과 식욕 모두 점심과 저녁 때 높아졌다 떨어지는 알파벳 'M'자 형태의 패턴을 보였어. 배고프면 음식을 더 찾는다는 아주 상식적인 결과였지.

그런데 연구팀의 추가 실험에서 예외적인 현상이 나타나. 음식을 여러 범주로 나누고 지금 얼마나 배가 고픈지, 어떤 음식을 지금 얼마나 먹고 싶은지 물어본 거야. 음식은 짠 과자류(감자칩, 프레첼 등), 달콤한 음식(초콜릿, 쿠키, 아이스크림 등), 기름진 음식(햄버거, 피자 등), 탄수화물류(빵, 파스타 등), 채소류(토마토, 당근, 샐러드 등), 과일(사과, 딸기 등)로 분류했어. 사람들은 짠 과자와 달콤한 음식은 늦은 시간이 될수록 배고픔과 관련 없이 더 먹고 싶어진다고 답했지. 이 실험은 달고 짠 음식을 먹고 싶은 욕구는 허기와 관련 없다는 걸 보여주고 있어.

스트레스엔 짠맛, 외로울 땐 단맛

심리학자들에 의하면 밤 10시 같은 한밤중에도 달고 짠 음식이 당기는 건 시간이 흐를수록 사람들의 자기 통제력이 감소하기 때문이래. '몸에 안 좋고 살이 찌니까 먹으면 안 돼' 하고 참는 힘이 시간이 갈수록 약해진다는 거야.

그리고 또 다른 이유도 있어. 《당신이 자꾸 먹는 진짜 속마음》을 쓴 미국의 심리치료사 도린 버추Virtue는 책에서 "짠 군것질을 갈망하는 사람들은 대개 스트레스, 분노, 불안에 시달린다"고 말했어. 사람들은 스트레스가 심할수록 음식을 죄책감 없이 편하게 먹고 싶어 하는 경향이 있다는 거야. 미국 〈건강 심리학 저널〉에 따르면 스트레스 수준이 높을수록 짠맛에 대한 갈망이 특히 높아진다고 해. 소금을 섭취하면 스트레스 호르몬으로 불리는 코르티솔의 양이 감소하는데 이 때문인 것으로 추정되고 있지.

짠맛이 스트레스와 관련 있다면, 단맛은 외로움과 관련 있어. 2014년 노르웨이 심리학자 에케베르크 헨릭센Henriksen과 동료는 임신한 여성 약 9만 명을 대상으로 외로움, 관계 만족도 등과 설탕이 포함된 달콤한 음료(탄산음료, 주스) 섭취량 사이의 관계를 연구했어. 그 결과, 외롭다고 느끼는 사람일수록 달콤한 음료를 더 많이 마시는 것으로 밝혀졌지. 기혼 여성보다는 싱글맘이, 친구가 많은 여성보다는 적은 여성이 달콤한 음료를 더 많이 마신 거야. 직장 동료와 관계가 나쁜 사람이 관계가 좋은 사람보다 단 음료를 더 찾았고. 이런 결과는 참가자가 얼마나 살집이 있는지, 스스로 뚱뚱하다고 생각하는지, 지금 우울감을 얼마나 느끼는지, 신체활동량과 소득은 어떤지 등의 변수를 제거했을 때도 유효했어.

사회적으로 고립돼 주변에 도와줄 사람이 없다면 어떻게 될까. '내 몸은 내가 챙겨야 해'라고 생각하면서 몸은 계속 각성 상태를 유지하게 되고, 그럴 경우 혈당이 더 빨리 떨어질 수밖에 없어. 그런 비상사태에 대처하려면 뇌가 활용할 당분이 필요하기 때문에 혈당을 계속 유지해줘야 하지. 혈당을 올리는 가장 쉬운 방법이 바로 설탕이 들어간 달콤한 음식을 먹는 거야. 그리고 달콤한 음식 역시 스트레스를 일시적으로 완화하는 효과가 있으니 몸이 달콤한 음식을 부르는 건 일종의 자기 보호인지도 몰라.

스트레스를 받거나 외로울 때 짠 군것질거리와 달콤한 음료가 입에 당기는 건 본능 같은 거야. 하지만 달고 짠 음식에 지나치게 빠져서는 안 돼. 앞으로 밤늦게 이런 음식이 먹고 싶어지면 그건 배가 고파서가 아니라 아니라 우리 마음이 시키는 것임을 기억해. 배가 고픈 것도 아닌데 굳이 먹어서 다이어트 고민까지 하게 되면 안 되잖아. 충분한 수면 시간을 확보하고 규칙적인 운동을 하는 걸로도 우리는 스트레스와 싸울 힘을 얻을 수 있어.

○

Day

23

생각이 편한 방향으로만
흘러가지 않게 조심해야 해

○

인
지
부
조
화
이
론

새해가 되면 보람찬 한 해를 위해 이런저런 계획을 세우잖아. 올해는 건강을 위해 다이어트를 해야지, 책을 100권 읽어야지, 영어 공부를 열심히 해야지 같은 것 말이야. 그런데 연말이 되면 어때? 많은 사람들이 제대로 실천한 것보다는 그렇지 못한 게 많은 것 같아. 담배를 피우는 어른들이 흔히 세우는 금연 계획만 해도 그래. 몸에 나쁜 걸 알지만(생각) 흡연은 계속하지(행동). '담배를 피우면 스트레스가 풀린다'고 혼자 생각하면서. 생각과 행동 사이에 차이가 생기면 이런 식으로 자기 나름의 논리를 만들어 해소하는 걸 심리학에서는 '인지부조화*Cognitive Dissonance* 이론'이라고 해.

차 타면 졸린 이유는 '부조화' 때문

인지부조화에 대해 알아보기 전에 '부조화*Dissonance*'에 대해 먼저 설명하자면, 차만 타면 잠이 쏟아진다는 사람들 있지? 그런 사람들도 심리학에서는 '부조화' 때문이라고 이야기해.

달리는 차 안에서 바깥 풍경을 보지 않고 다른 데 집중하고 있으면, 눈은 자동차가 움직이지 않는 것처럼 느끼게 돼. 하지만 우리 몸은 실제로 흔들흔들 움직이고 있고, 귓속에는 몸의 기울어짐이나 회전을 감지하는 감각기관이 있어서 차가 달리면서 생기는 진동을 고스란히 감지하지.

그렇게 되면 눈은 정지 상태고, 귀는 운동 상태라 뇌에서는 혼란이 벌어져. 감각들이 서로 다른 목소리를 내고 있으니 말이야. 이걸 부조화 현상이라고 해. 이런 부조화 상태가 계속되면 뇌는 이중적인 정보 중 어느 쪽을 따를지 몰라 갈팡질팡하게 돼. 그러다 뇌가 '에라 모르겠다' 하며 일종의 파업을 하게 되는데 잠 기운이 몰려오는 건 바로 그 때문이야. 뇌가 자신을 방어하려다 보니 졸음이 오는 거지.

이 현상은 다행히 운전자에게는 잘 일어나지 않아. 운전자는 탑승객과 달리 운전에 집중하다 보니 몸이 느끼는 시각 자극과 진동 자극이 같기 때문이지.

마음도 몸처럼 '일관성'을 좋아해

우리 몸의 감각기관에 부조화가 일어나면 뇌가 갈피를 잡지 못하는 것처럼, 우리의 생각과 행동 사이에 부조화가 생겼을 때도 우리는 혼란과 불편을 경험하게 돼. 그럴 때 사람은 이런 불편함을 잠재우고 일관성을 유지하기 위해 특정 방향을 선택하게 되는데 이건 우리 몸과 마음이 항상성恒常性을 유지하려는 특성이 있기 때문이지. 이걸 인지부조화 이론이라고 하는데 이 이론은 사회심리학자인 레온 페스팅거Festinger가 1957년에 처음 발표했어.

《이솝 우화》에 나오는 〈여우와 신 포도 이야기〉는 너도 들어본 적 있을 거야. 그 이야기 속 여우가 바로 인지부조화 이론의 대표적인 예라고 할 수 있어. 한 배고픈 여우가 길을 가다가 탐스러운 포도송이를 발견하게 됐어. 포도가 먹고 싶어서 발돋움도 하고, 펄쩍 뛰어도 봤지만 포도에 닿을 수 없었지. 그러자 여우는 돌아서면서 이렇게 혼잣말을 해.

"저 포도는 신 포도라 어차피 못 먹어."

여우에게 '포도를 먹고 싶다'는 생각과 포도에 닿지 못했다는 행동 사이에 인지부조화가 발생한 거야. 여우 입장에선 행동을 바꿔봐도 포도를 따 먹기 불가능한 상황이었어. 대신 생각은 바꿀 수 있었지. '저 포도는 신맛이 나서 원래 못 먹는 거였어'라고 말이야. 먹고 싶지만 먹지 못한다는 부조화에 괴로움을 느낀 뇌가 생각을 바꿈으로써 부조화를 줄인 셈이지.

페스팅거는 이를 증명하기 위해 한 가지 실험을 했어. 대학생들을 두 그룹으로 나누고 한 시간 동안 실패를 감는 단순 작업을 각각 시켰지. 그리고 A그룹에는 20달러를, B그룹에는 단돈 1달러를 줬어. 작업이 끝난 뒤 두 그룹 중 어느 쪽이 더 자신들이 '유익한 일을 했다'고 평가했을까? 놀랍게도 돈을 적게 받은 B그룹이었어.

A그룹은 '돈'이라는 보상을 충분히 받았지. 그래서 마음 편히 '지루한 일이었지만 보상을 받았으니 괜찮아. 일 자체는 유익하지 않았어'라고 생각할 수 있었지만, B그룹은 달랐어. '무의미한 일을 지루하게 한 데다 보상조차 단돈 1달러밖에 못 받았어'라고 생각하느니, '보상은 충분치 않았지만 생각해보면 그럭저럭 유익한 일이었어'라고 합리화하는 편이 더 마음 편했던 거야.

마케팅에도 쓰이는 '인지부조화'

이런 인지부조화 이론은 마케팅 기법으로도 쓰여. 원하는 물건을 사기 위해 1년 동안 돈을 모은 학생이 있다고 해보자. 처음에는 '꼭 사야 해'라고 생각했는데 막상 사려고 하니 '저금했던 돈 전부를 사용해야 할 만큼 가치가 없는 것 같아'라는 생각이 드는 거야. 이 두 가지 생각이 충돌하면서 머릿속에서 갈등이 생겼는데 옆에 있던 점원이 말을 해.

"이번에 시험 보느라 고생했는데 이 정도 살 자격은 있죠."

그럼 그 학생의 머릿속에는 '나한테 주는 상이니 이 정도는 사도 돼'라는 생각이 강화되면서 한쪽으로 방향이 정리되고 인지부조화가 줄어들지. 그리고 실제로 지갑을 열고 물건을 살 확률이 높아질 수 있게 돼.

고민이 생길 때는 쉽게 포기하기 전에 한 번 더 생각해보는 게 어때? 내 선택이 그냥 쉬운 방향으로 흘러가게 되는 건 아닌지 말이야.

너에게만 나쁜 일이 생긴다는 생각은 착각이야

Day 24

착각적 상관

어젯밤 일기예보에서는 분명 비 올 확률 20퍼센트 미만이라고 해서 우산을 들고 나오지 않았는데 집에 갈 시간이 되니 갑자기 장대비가 쏟아져 당황스러울 때가 종종 있어. 왜 꼭 내가 우산을 들고 나온 날은 비가 오지 않고, 우산을 놓고 나온 날엔 비가 오는 걸까? 일부러 나만 골탕 먹이는 게 아니고서야 어쩌면 날씨가 이러지?

두 가지 사건 사이의 관계

두 사건이 원인과 결과의 관계일 때를 인과관계라고 하고, 두 사건 사이에 관련이 있긴 하지만 무엇이 원인이고 무엇이 결과인지 명확하지 않을 때를 상관관계라고 해. 예를 들어, 우울감과 자존감은 관련이 있어. 우울한 사람이 대개 자존감이 낮지. 그런데 우울 증상이 심해서 자존감이 낮아진 건지, 아니면 자존감이 낮아서 우울한 건지는 분명치 않아. 따라서 우울감과 자존감 사이에는 상관관계가 있다고 할 수 있어.

"감기약을 먹으면 자꾸 몸이 늘어져요"라고 말하는 경우도 비슷해. 물론 감기약 안에 졸음을 유발하는 성분이 들어 있는 경우도 있어. 하지만 몸이 감기 바이러스와 싸우느라 피곤하기도 하지. 꼭 감기약을 먹어서 피로감을 느끼는 게 아닐 수 있는데도, 감기약을 먹은 시간과 피로감을 느끼는 시간이 겹치니 둘 사이에 마치 인과관계가 있는 것처럼 착각하기 쉬운 거야. '까마귀 날자 배 떨어진다'라는 속담도 이런 상관관계에 대한 이야기라고 할 수 있어. 우연한 두 사건이 잇달아 일어나긴 했지만 까마귀가 날아서 배가 떨어진 건 아니니까.

할머니, 할아버지가 "팔다리가 쑤시는 걸 보니 비가 오겠네"라고 말씀하시는 걸 들은 적 있니? 흔히 할머니, 할아버지들은 비 오기 전날에 뼈마디가 시큰거리거나 근육통을 느낀다고 하시거든.

그런데 캐나다 토론토대학교 연구팀이 15개월간 다양한 기후 조건과 환자가 느끼는 통증의 관계를 연구해보니 둘 사이에 인과관계가 없다는 결론이 나왔대. 비가 온다고 더 아프고, 날이 맑다고 덜 아픈 건 아니라는 거지.

하지만 사람들은 두 개 이상의 사건이 동시에 발생하면 둘 사이에 인과관계가 있을 거라고 추정하는 경향이 있어. 심리학자 로렌 채프먼*Chapman*은 이를 '착각적 상관*Illusory Correlation*'이라고 불렀지.

믿고 싶은 대로 믿는 오류

이런 현상은 왜 일어나는 걸까? 이는 명확한 인과관계가 없는데도 사건들 사이의 관련성을 지나치게 과장하는 데서 나타나. '가게에서 계산할 때 내가 서 있는 줄보다 항상 옆 줄이 더 빨리 줄어든다', '바쁠 때는 항상 신호등이 빨간불이다' 같은 '머피의 법칙*Murphy's Law*'이 대개 여기 해당돼. 신호등은 주기적으로 바뀌지만 우리 기억 속에는 정신없이 바쁠 때 본 빨간 신호등만 남거든. 결국 자신이 기억하는 것만 생각하는 거지.

착각적 상관은 자신의 믿음과 일치하는 정보는 받아들이고 믿음과 일치하지 않는 정보는 무시하는 확증 편향(Day 17 참조)과도

연관이 있어. 부정확한 믿음을 한번 갖게 되면 자기 믿음을 지지하는 증거만 받아들이고 기억하게 되는데, 그래서 이런 확증 편향에 빠진 사람은 "거 봐, 내 말이 맞잖아"라는 표현을 즐겨 사용하지. 확증 편향은 인간이 지닌 불완전성에 기인해서 발생돼. 제한된 정보 처리 능력과 시간 안에서 판단을 해야 할 때가 많으면 사람들은 나름대로의 지름길을 찾기 마련인데 이런 과정에서 오류가 생기는 거지.

의사가 감기 환자에게 감기 치료와 직접 관련성이 없는 단순한 소화제를 주면서 이 약이 감기를 낫게 해줄 거라고 얘기하면 그 약을 먹은 환자 중 상당수가 실제로 증상이 호전된대. 이걸 '위약 효과' 혹은 '속임약 효과*Placebo Effect*'라고 해. 수술 받은 환자의 약 30퍼센트가 위약 효과를 느꼈다는 연구도 있지. 위약 효과 역시 착각적 상관이 작용한 거야. 사람들이 어떤 약 복용과 증세 호전 간의 관련성을 과대평가한 것이기 때문이야. 위약을 사용한 환자가 의사의 전문성을 더 믿을수록, 약이 비쌀수록, 환자가 순진할수록 그 효과는 더 크게 나타난대.

이렇게 사람들이 비합리적으로 행동하는 사례로 '도박사의 오류*Gambler's Fallacy*'도 들 수 있어. 빙빙 돌아가는 둥근 게임판에 구슬을 굴리다 구슬이 붉은색과 검은색 중 어느 색 칸에 떨어지는지 알아맞히는 룰렛 게임에서 구슬이 스무 번 연속으로 검은색에 멈췄다고 가정해보자. 이럴 때 대부분의 사람들은 '스무 번이나 검은색에 멈췄으니 이제 다른 색에 멈출 거야'라고 생각하고 붉은색에 돈을 건대. 하지만 이번 판에 구슬이 검은색에 들어갔다고 해서 다음 판에 그러지 말라는 법은 없어. 매번 게임판은 새롭게 돌아가고 서로에게 영향을 주지 않는 독립적인 사건이기 때문이지.

너에게만 자꾸 나쁜 일이 일어난다고? 네가 지금 나쁜 일들만 기억하고 있는 건 아닐까? 어떤 사건들에 대해서 면밀하게 분석하거나 합리적으로 따지기보다 즉흥적이고 직관적으로 판단하다 보면 자꾸 네가 만든 논리 안에 맞춰서 생각하게 된다는 거, 이제 알겠지? 기분 나쁘거나 속상했던 일들보다 재미있고 행복했던 일들을 더 많이 떠올려봐. 그럼 반대로 나에게는 늘 좋은 일들만 생기는 것 같은 긍정적인 확증 편향이 생기게 될 테니까.

Day
25

로
젠
탈
효
과

언제든 곁에서
칭찬할 준비를 하고 있을게

'칭찬은 고래도 춤추게 한다'는 말 들어봤지? 칭찬은 우리의 자아
존중감(이하 자존감)을 높여주고 긍정적인 사고방식을 기르는 데
도움이 돼. 부모님의 칭찬을 받으면 사랑받고 있다는 기분이 들고,
스스로 괜찮은 사람이라고 생각하게 되니까.

칭찬의 힘을 보여준 '로젠탈 효과'

칭찬의 힘을 보여준 심리학 실험들은 아주 많아. 그중 가장 잘 알려진 게 미국 하버드대학교 심리학과 교수였던 로버트 로젠탈 *Rosenthal* 교수의 실험이야.

로젠탈은 1968년 미국 캘리포니아에 있는 한 초등학교의 전교생을 대상으로 지능지수*IQ*를 측정하는 검사를 실시했어. 그리고 전체 학생 중 20퍼센트의 학생만 무작위로 선별해 그 명단을 선생님에게 준 뒤 "이 학생들은 IQ가 높아서 성적이 우수할 것"이라고 거짓 정보를 전했지. 사실 이 학생들의 IQ 점수는 다른 학생들과 비슷한 수준이었어. 약 8개월이 지난 후에 이 명단에 포함된 학생들과 다른 학생들의 성적을 비교했는데 결과가 어떻게 됐을까?

명단에 있던 학생들의 평균 점수가 다른 학생들에 비해 높게 나타났어. 특히 저학년일수록 효과가 컸지. 로젠탈은 "선생님도 이 학생들을 격려하며 열심히 가르쳤고, 학생들은 이 기대에 부응하기 위해 성실하게 공부했기 때문"이라고 설명했어. 바로, 선생님의 칭찬과 기대가 아이의 성적을 끌어올린 거야. 칭찬이 얼마나 중요한지 증명한 실험이지. 그래서 칭찬이 가져다주는 긍정적인 효과를 '로젠탈 효과*Rosenthal Effect*'라고 해.

칭찬의 법칙

하지만 칭찬이라고 해서 모두 좋은 결과만 가져다주는 건 아니야. 어떤 부분을 칭찬하느냐에 따라 전혀 예상치 못한 결과가 나올 수도 있지. 네덜란드 위트레흐트대학교의 연구자 에디 브루멜만Brummelman의 실험을 한번 볼까? 브루멜만은 우선 어른 357명에게 '있는 그대로의 자신의 모습을 좋아하는 A'(자존감이 높은 아동)와 '종종 자신이 마음에 들지 않는다는 B'(자존감이 낮은 아동)에 대한 글을 읽게 했어. 그런 다음 그들에게 "그림을 그리는 A와 B에게 어떤 칭찬을 해주겠느냐"고 물었지. 어른들은 뭐라고 답했을까?

대부분의 어른들이 자존감이 높은 아이에게는 "그림 그리느라 애썼어", 자존감이 낮은 아이에게는 "그림을 잘 그리는구나"라고 칭찬했대. 자존감이 높은 아이에게는 그림을 그리는 데 들어간 '노력'을, 자존감이 낮은 아이에게는 그림 그리는 '능력'을 칭찬한 거지.

이 실험을 통해 우리는 어른들이 아이들의 장점을 찾아주려고 노력했다는 걸 알 수 있어. 흔히 타고난 능력을 칭찬하면 낮은 자존감을 극복하는 데 도움이 된다고 생각하기 때문이지. 그런데 또 다른 연구에서는 이게 효과적이지 않다는 지적이 나와.

미국의 캐럴 드웩Dweck 교수 연구팀은 초등학교 5학년을 대상으로 실험을 했어. 이들에게 지능 검사를 한 뒤 A그룹에는 '참 똑똑하구나'라고 지능을 칭찬했고, B그룹에는 '참 열심히 했구나'라고 노력을 칭찬했지.

그 뒤 아이들에게 '쉬운 문제를 풀면서 똑똑한 모습을 보여줄지' 아니면 '어려운 문제에 도전할지'를 선택하게 했는데 똑똑하다는 피드백을 받은 A그룹 아이들은 대부분 어려운 문제를 피해 쉬운 문제를 골랐어. 반면 노력한다는 칭찬을 받은 B그룹 아이들은 절대 다수(92퍼센트)가 어려운 문제에 도전했지.

이어서 연구팀은 A와 B 그룹 모두에 몹시 어려운 문제를 풀도록 했어. 그러자 노력을 칭찬받았던 B그룹 아이들은 끝까지 끈기 있게 참여한 반면, 지능을 칭찬받은 A그룹 아이들은 빨리 포기하는 경우가 많았대.

마지막으로 연구팀은 모두에게 맨 처음과 비슷한 난이도의 문제를 다시 풀게 했어. 노력을 칭찬받은 B그룹은 평균 성적이 30퍼센트 올랐지만, 지능을 칭찬받은 A그룹은 성적이 20퍼센트 떨어졌지.

연구팀은 "능력을 칭찬받은 아이들은 노력을 칭찬받은 아이들에 비해 '다음 과제에서 멋진 모습을 못 보여주면 어떻게 하나' 하는 걱정을 많이 하고, 실패하면 한층 무기력해진다"라고 분석했어. 그래서 A그룹 어린이들은 처음보다 성적이 떨어지게 됐고, 노력하는 과정에 대해 칭찬받은 B그룹 어린이들은 즐겁고 자유롭게, 그리고 자신 있게 도전할 수 있었던 거지.

무엇이든 애쓰는 과정의 소중함과 의미를 알면 더 오래 더 즐겁게 할 수 있을 거야.

아이의 자존감을 높이고 싶다면 칭찬보다 격려를

아이의 성적이 기대에 못 미치면 꾸중하는 부모들이 많습니다. 이런 일이 반복되면 학생 입장에서는 '나는 좋은 성적을 받을 때만 사랑받아. 나는 공부를 잘해야만 가치가 있어'라고 생각하기 쉬워요. 어린이의 자존감이 성적이라는 조건에 따라 달라지는 것이죠. 이런 어린이들은 부모님과 주변 사람들의 눈치를 보게 되고, 다른 사람들에게 인정받지 못할까봐 걱정합니다. 자존감을 높이려면 결과보다는 과정을 중요하게 생각하고, 칭찬보다는 격려를 해주세요. 기대를 담은 칭찬보다 믿음을 담은 격려로 아이에게 용기를 북돋워주세요.

자신에게
너그러운 사람이 되렴

간
발
효
과

우리나라에는 '사촌이 땅을 사면 배가 아프다'라는 속담이 있어. 요즘은 SNS가 일상이 되다 보니 사람들이 배 아파할 일이 상당히 많아졌지. 나보다 더 많이 가진 사람, 더 맛있는 걸 먹는 사람, 더 아름다운 곳으로 휴가를 간 사람들의 사진을 하루에 수백 장은 볼 수 있게 됐으니까. 미국의 심리학자 레온 페스팅거*Festinger*는 사람은 다른 사람과 비교하면서 자신의 생각이나 능력을 평가하는 경향이 있다고 했어.

동메달을 딴 선수가 더 환하게 웃는 이유

미국의 심리학자 빅토리아 메드벡Medvec 연구팀은 1992년 바르셀로나 올림픽에서 메달을 딴 선수들의 시상식 표정을 분석했어. 당연히 가장 환하게 웃고 있는 건 금메달을 딴 선수였지. 그런데 흥미롭게도 2위인 은메달리스트보다 3위인 동메달리스트가 더 즐거운 표정이었대. 은메달이 동메달보다 더 좋은 건데 왜 그랬을까?

메드벡은 "기쁨은 절대적인 성적에 따라 결정되는 게 아니라 누구와 비교하느냐에 더 큰 영향을 받는다"고 말했어. 은메달을 딴 선수는 금메달을 딴 선수와 자신을 견주며 '아쉽다'고 느낀 반면 동메달을 딴 선수는 아쉽게 메달을 놓친 4위 이하 선수와 자신을 비교하며 '하마터면 메달을 못 딸 수도 있었는데 잘됐다' 하고 흡족해한 거야.

심리학자이자 행동경제학자인 아모스 티버스키Tversky와 대니얼 카너먼Kahneman은 이에 대해 '간발의 차이'에 초점을 맞춰 연구를 했어. 은메달리스트는 간발의 차이로 금메달을 놓쳤다고 생각하지만, 동메달리스트는 간발의 차이로 메달을 땄다고 생각한다는 거야. 그들은 사람들이 간발의 차이로 무엇인가를 하지 못할수록 더욱 연연해하고 그것이 이후의 행동, 심지어 인생 전반에 영향을 줄 수 있다고 주장하며 이런 현상을 '간발 효과Nearness Effect'라고 불렀지.

이런 사람들의 심리를 이용한 광고도 나온 적이 있어. 1996년 스포츠용품 업체 나이키가 '당신은 은메달을 딴 게 아니라 금메달을 놓쳤다(You Don't Win Silver. You Lose Gold)'라는 도발적인 광고 문구를 선보여서 논란이 된 거야. 나이키는 "'더 노력하자'는 메시지"를 담았을 뿐이라고 설명했지만, 상당수 소비자들이 "금메달만 의미 있다고 강조하는 편협한 광고"라고 반발했대.

타인과 비교하는 세 가지 방식

비교에는 크게 세 가지가 있어. 하나는 나와 비슷한 사람과 비교하는 '유사 비교'야. 예를 들어, 수술 날짜를 기다리는 사람들은 비슷한 수술을 해본 사람들과 함께 시간을 보내며 그들의 경험과 자신의 상황을 견주어보려고 해. 불확실한 상황에서 유사한 상황에 있는 사람과 비교하면서 자신의 상황을 정확하게 평가하려는 행동이지.

다른 하나는 자신보다 못한 대상과 비교하는 '하향 비교'야. 동메달을 딴 선수가 메달을 따지 못한 선수와 자신을 비교하는 게 하향 비교의 일종이라고 할 수 있어. 사람들은 주로 위협을 느끼는 상황에서 하향 비교를 한대. 그래야 불안감을 줄일 수 있으니까.

마지막으로는 자신보다 뛰어나거나 더 나은 상황에 있는 사람과 비교하는 '상향 비교'가 있어. 사람들은 주로 자신을 더 발전시키고 싶을 때 상향 비교를 하는데 이상적이라고 생각하는 상대와 자신을 비교함으로써 분발하겠다는 의지를 다지는 거지.

다만 상향 비교를 할 때는 조심해야 할 점이 있어. 자신보다 너무 뛰어난 상대를 비교 대상으로 삼으면 자신이 부족하다는 생각이 들어 좌절감과 우울감이 커질 수 있다는 거야. 적당한 비교는 발전의 촉매제가 될 수 있지만, 매사 남과 자신을 비교하다간 자칫 자신이 보잘것없다는 생각에 빠지기 쉬워. 그럴 땐 '더 나쁜 일이 생기지 않아서 다행'이라고 생각의 틀을 바꿔봐. 행운을 잡지 못했다고 우울해하는 대신 더 불행해지지 않아 다행이라고 생각하는 거지. 그러면 안도감과 긍정적인 감정을 느낄 수 있을 거야.

우리는 가끔 자신에게 지나치게 혹독해지곤 해. 사람들은 좋지 않은 일이 생겼을 때 자신에 대해서는 '더 잘할 수 있었는데…'라고 과도하게 속상해하는 반면, 타인에게는 '저 정도도 충분히 잘한 거야'라고 관대하게 생각하는 경향이 있지. 행복해지고 싶다면 남뿐 아니라 나 자신에게도 너그러워질 수 있어야 해.

어려움 속에 있는 때일수록
너 자신을 믿어봐

회
복
탄
력
성

어렸을 때 가정폭력이나 극심한 가난 등 큰 어려움을 겪은 아이
는 청소년기에 우울증을 겪을 위험성이 높다는 연구 결과가 있어.
2015년 세라 젠슨*Jensen* 등은 여섯 살 전에 이런 충격을 받은 유아
494명을 추적해 약 20년이 지난 다음 이들의 뇌를 단층 촬영한 연
구 결과를 발표했지. 이런 사람들은 뇌에서 감정 조절과 스트레스
관리 등을 담당하는 부위의 부피가 줄어들면서 불안이나 우울을
더 많이 느꼈다고 해.

그럼 어려서 어려움을 겪은 아이들은 모두 불행해진다는 걸까? 이 문제를 수십 년에 걸쳐 연구한 심리학자들이 있어. 바로 에미 워너Warner와 루스 스미스Smith야. 그리고 이들의 연구 결과를 연세대학교 김주환 교수가 널리 소개했지.

이들은 하와이의 북서쪽에 위치한 섬, 카우아이를 찾았어. 1950년대에 그 섬 주민 대부분은 지독한 가난과 질병으로 고통받은 데다가 알코올중독자 비율, 범죄율도 다른 지역보다 크게 높았지. 워너와 스미스는 1955년 카우아이에서 태어난 신생아 833명을 대상으로 30년 동안 이들이 어떤 삶을 살고 있는지 추적 연구를 진행했어. 총 698명이 참여한 이 연구는, 성장기에 어려움을 많이 겪고 자랐을수록 학교와 사회에 적응하지 못했고 약물 남용이나 정신적인 문제로 고통받거나 범죄에 연루된 경우가 많다는 사실을 보여줬어.

그런데 참가자 중 극단적으로 열악한 환경에 놓였던 201명의 성장 과정을 추적해본 연구자들은 놀라운 아이들을 발견하게 돼. 이 아이들은 모두 가정불화가 심하고, 부모 중 한 사람 혹은 둘 다 알코올중독이나 정신질환을 앓는 극빈 가정에서 자랐어. 그런데 3분의 1에 해당하는 72명은 학업 성적도 우수했고, 물의를 일으키지도 않았지. 미국 대학입학시험에서 무려 상위 10퍼센트 안에 든 사람도 있었어. 다른 아이들과 마찬가지로 어려운 환경이었지만 보통의 환경에 있는 아이들보다 뛰어난 성과를 이뤄낸 거야. 이 3

분의 1의 아이들은 어떻게 남다를 수 있었을까?

고난을 극복하려고 애쓰는 마음

연구자들은 이 아이들이 극심한 어려움 속에서도 훌륭하게 성장할 수 있었던 힘을 '회복 탄력성Resilience'에서 찾았어. 회복 탄력성이란 심리학에서 주로 시련이나 고난을 이겨내는 긍정적인 힘을 뜻해. 변화하는 환경에 적응하고 그 환경을 자신에게 유리한 방향으로 이용하는 능력이기도 하지. 간단히 말하자면 '역경 속에서도 고무공처럼 튀어오르는 마음의 힘'이라고 할 수 있어. 다른 말로는 '적응 유연성'이라고도 해.

72명의 아이가 유독 회복 탄력성이 뛰어났던 이유에 대해 연구자들은 '따뜻한 돌봄을 제공해준 사람'이 있었기 때문이라고 입을 모았어. 아이들에 따라서 그 사람은 부모나 조부모, 때로는 학교 선생님이기도 했지만 중요한 건 단 한 명이라도 진심으로 아끼고 사랑을 베푸는 사람이 있을 때 아이가 비뚤어지지 않고 잘 자라났고, 회복 탄력성이 뛰어났다는 사실이야.

1955년 워너와 스미스가 시작한 카우아이 섬 연구에 참여했던 참가자들도 지금은 60대가 됐어. 이 참가자들이 40대가 되었을 때 연구자들이 시행한 설문 조사 결과를 보면, 고위험군 201명 중 앞서 언급된 회복 탄력성이 훌륭했던 72명 이외에도, 성인이 되고서 교육을 잘 받거나 종교단체에 참여하거나 안정적인 배우자를 만나는 등 새로운 도약의 계기를 만난 사람들은 비교적 안정적인 생활을 영위하고 있었대.

나 자신을 믿는 힘, 자기 효능감

역경을 딛고 잘 자란 아이들은 회복 탄력성 말고도 다른 공통점이 하나 더 있어. 바로 '자기 효능감Self-efficacy'이 남들보다 높았다는 거야. 자기 효능감이란 자신이 어떤 일을 성공적으로 해낼 수 있는 능력을 갖고 있다고 믿는 마음가짐을 말해. 자기 효능감이 높은 사람은 열악한 상황 속에서도 '노력하면 내가 원하는 걸 이뤄낼 수 있다'라고 믿지. 카우아이 섬의 아이 중 일부는 어렸을 때부터 가족의 생계를 책임져 왔던 경험이 있었어. 생계를 책임지며 자기 효능감이 높아졌고, 그 결과 회복 탄력성도 뛰어날 수 있었던 거야.

지금도 카우아이 섬 연구 작업을 계속하고 있는 로리 매커빈 McCubbin 교수는 회복 탄력성을 일련의 성장 과정이라고 보고 있어. 개인이 역경으로부터 어떤 새로운 의미를 발견하는가가 중요하다는 거지.

지금 혹시 마음이 힘들진 않니? 넌 무엇이든 이뤄내기에 충분

한 능력을 가진 사람이야. 조금만 참고 노력한다면 분명 더 좋은
날들이 너를 기다리고 있을 거야.

간절히 바란다면
분명 이루어질 거야

피그말리온 효과

아르헨티나 코르도바대학교 신경생리학과 에블린 코텔라*Cotella* 교수 연구팀이 최근 흥미로운 실험 결과를 발표했어. 바로, 스트레스를 받으면 뇌세포가 줄어든다는 거야.

10대부터 20대 중반에 스트레스를 너무 많이 받으면 학습을 담당하는 뇌세포 수가 절반으로 줄어든대. 청소년기부터 스트레스를 계속 받으면 '스트레스 호르몬'인 코르티코스테론*Corticosterone*의 분비가 늘어나 면역체계가 약해지고, 결과적으로 우리 뇌 속 신경세포의 상당 부분이 죽어서 사라진다는 거야. 이런 청년기의 스트레스가 나중에 나이 들었을 때 기억력 약화 및 뇌세포 노화 과정에도 큰 영향을 미친다는 결과도 나왔어.

스트레스를 받으면 어떤 증상이 나타날까? 흔히 나타나는 신체 증상으로는 목 주변 근육이 굳거나 두통, 가슴 통증, 어지럼증 등이 있지. 그리고 소화기가 약한 사람은 소화불량으로 복통, 변비, 설사 등이 나타날 수도 있고, 면역력이 떨어져서 감기, 천식, 비염에 걸릴 수도 있어. 짜증 나거나 화가 나는 경우도 많아지고, 불면증을 호소하거나 정반대로 지나치게 오래 자는 모습을 보일 수도 있어. 이런 비슷한 증상이 나타난다면 혹시 스트레스를 많이 받고 있는 건 아닌지 살펴봐야 해.

불길한 말이 불길한 결과로

불면증 때문에 상담소를 찾는 사람들이 공통적으로 하는 말이 있어.

"오늘 밤에 또 잠이 안 오면 어떻게 하죠?"

'잠이 안 오면 어떻게 하나?' 걱정하기 시작하면 실제로 잠을 못 자는 경우가 많아. 심리학에서는 이런 경우를 "자기충족적 예언*Self-fulfilling Prophecy*이 작용했다"라고 하지. 쉽게 말하면 '말이 씨가 된다'라고 할 수 있고. 우리는 아직 일어나지 않은 일에 대해 종종 '이렇게 될 거야', '저렇게 될 거야' 예언을 하는데, '좋지 않은 일이 벌어질 거야'라고 자주 상상하고 말하면 정말 안 좋은 일이 벌어지기 쉬워. 반대로 좋은 일이 있기를 바라는 마음은 좋은 결과로 이어지기도 하지.

그리스 시대에 피그말리온이라는 조각가가 살았어. 그 조각가는 열과 성을 다해 아름다운 여인상을 조각했지. 피그말리온은 세상 그 어떤 여인보다 아름다웠던 이 조각상에 갈라테이아라는 이름을 붙이고 깊이 사랑했어. 그는 조각상이 진짜 사람인 것처럼 정성을 다했고, 급기야 미의 여신 아프로디테에게 갈라테이아가 사람이 되게 해달라고 간절히 기도했대. 피그말리온의 진심에 감동한 아프로디테는 갈라테이아에 생명을 불어넣어 사람으로 만들어줬지. 이 신화 속 주인공의 이름을 따서, 긍정적 기대나 관심이 긍정적인 결과를 가져오는 현상을 '피그말리온 효과*Pygmalion Effect*'라고 해.

스트레스 받지 않는 몸 만들기

스트레스를 줄이려면 마음뿐 아니라 몸도 잘 관리해야 해.

우선, 수면 시간은 일고여덟 시간을 유지하는 게 좋아. 수면이 부족하면 시도 때도 없이 졸리고, 지나치게 많아도 우리 몸과 정신 건강에 해로워. 일고여덟 시간 정도의 규칙적인 숙면이 스트레스 예방에 도움이 된대.

그리고 하루 30분 이상은 규칙적인 운동을 해야 해. 하루 60분, 주 5일 이상 운동하는 청소년이 겨우 14퍼센트에 불과하다니 요즘 청소년들은 운동량이 아주 부족한 편이야. 적당하고 규칙적인 운동은 불안감과 스트레스를 낮춰주고, 엔도르핀처럼 기쁨과 행복을 느끼게 해주는 신경전달물질 분비를 촉진해서 신체와 마음을 모두 건강하게 유지시켜 줘. 과한 운동이 부담스럽다면 처음 3개월은 매일 30분씩 편하게 걷는 것부터 시작해봐. 그것만으로도 삶에 활력이 느껴질 테니까.

'잘 안 될 거야'라는 부정적인 생각이 스트레스를 가중시킬 수 있다는 걸 잘 알았지? 밤에는 푹 자고 낮에는 활기차게, 그리고 가능하면 긍정적인 생각을 많이 해서 우리 함께 스트레스를 훌훌 털어버리자!

힘든 마음을 주변에
털어놓기 어려울 땐 글을 써보렴

치유의 글쓰기

살다 보면 예기치 않은 힘든 일을 겪게 될 거야. 크고 작은 힘든 일을 겪으면서 마음속에 꽁꽁 담아두고만 있으면 실제로 몸 여기저기가 자주 아프고 질병에 걸릴 확률도 높아질 수 있어. 그러니까 그럴 때는 꼭 가까운 사람에게 힘든 마음을 털어놓는 게 도움이 돼. 하지만 힘든 마음을 함께 나눌 사람이 마땅치 않을 때도 있어. 그럴 때는 최소 3일 이상 연속으로 '글쓰기'를 해보는 것도 좋아.

글쓰기의 효과

미국 텍사스대학교 제임스 페니베이커Pennebaker 교수와 동료의 연구에 따르면 우울·분노·실망 같은 부정적인 감정을 느낄 때 글쓰기를 하면 정서적으로 도움이 된대. 페니베이커는 '글쓰기 치료 *Writing Therapy*' 분야를 개척한 학자 중 한 명인데, 1997년 '정서적 경험에 관한 글쓰기의 치료적 효과'에 대해 발표하면서 "글을 쓰고 난 후 질병으로 병원을 찾는 횟수가 줄었고, 신체 면역 기능이 전반적으로 향상됐으며, 학교나 직장에서의 업무 수행 능력과 성적이 올랐다"고 말했어.

힘들 때 글을 쓰면 그동안 억눌렀던 감정이 풀어지면서 속이 시원해지는 느낌, 즉 '감정의 정화(카타르시스)'를 경험하게 돼. 정리되지 않은 채 마음 한쪽에서 불편하게 남아 있는 기억을 글로 정리하다 보면 그때의 아쉬움과 상처를 객관적으로 차분히 생각하게 되거든. 이 과정에서 좋았던 기억, 감사했던 기억을 떠올릴 수도 있지. 글쓰기를 통해 스트레스를 관리하면서 안정감을 느끼게 되는 거야.

페니베이커는 이를 트라우마 환자 치료에도 이용했어. 천재지변, 전쟁, 각종 폭력과 사고 목격 등 힘든 사건을 경험해 트라우마가 생긴 사람들은 그 사건이 다시 발생하는 것 같은 착각과 심한 불안을 겪곤 하는데 글쓰기 치료를 통해 이런 증상들이 크게 완화됐대.

감정 글쓰기 방법

물론 이때의 글쓰기는 일상을 기록하는 '일기'와는 성격이 좀 달라. 페니베이커의 연구에 따르면 일상적인 경험을 글로 쓰는 것만으로는 치료 효과가 없었어. 힘들었던 경험에 대해 구체적으로 사실 관계를 기록하고 당시 느꼈던 감정을 상세히 적을 때 효과적이었지.

2006년 페니베이커는 리처드 슬래처*Slatcher*와 함께 글쓰기가 연인 관계를 유지하는 데도 도움이 된다는 연구를 발표했어. 연애 중인 86명의 미국 대학생을 무작위로 두 그룹으로 나눈 뒤, A그룹은 현재 연인과 사귀면서 느끼는 어려움을 솔직하게 글로 적게 했고, B그룹은 일상적인 일들을 적도록 했지. 두 그룹 학생 모두 3일 연속으로 20분씩 해당 주제에 대해 글을 썼어. 그리고 3개월 뒤 실험 당시 사귀던 사람과 계속 사귀고 있는지를 확인했지. 결과는 놀라웠어. A그룹은 77퍼센트가 계속 연애를 하고 있던 반면, B그룹은 52퍼센트만 관계를 지속하고 있었어. B그룹은 절반 가까이 헤어진 거야. 연구팀은 실험 이후 커플들이 나눈 문자 메시지 내용도 개인의 동의를 받아 분석했는데 글쓰기 경험 이후 A그룹은 긍정적인 단어 사용이 의미 있게 증가한 것도 확인할 수 있었지. 글을 통해 어떤 문제에서 느끼는 감정을 솔직히 적고 나니 연인 간 감정 교류가 더 원활해졌다는 걸 확인할 수 있는 실험이었어.

내 감정을 물론 숙제하듯 매일 쓸 필요는 없어. 연구에 따르면 3~4일 연속으로 쓰는 것만으로도 효과가 있었거든. 페니베이커는 '필요할 때 쓰기'의 원칙을 따르라고 조언해. 과거의 고통스러운 경험이 삶을 힘들게 할 때 펜과 종이를 꺼내 글을 써보는 거야.

먼저 남들이 방해하지 않을 시간과 장소를 정해. 주로 잠자리에 들기 전이 좋겠지? 적어도 3~4일을 연달아 매번 15~20분 정도 글쓰기를 해봐. 그리고 어떤 어려움을 겪고 있는지, 또 어떤 점이 불안하고 걱정되는지, 그리고 앞으로 어떻게 되었으면 좋겠는지 등에 대해 솔직하게 적어보는 거야.

힘든 일에 대한 감정을 글로 적다 보면 일시적으로는 슬프고 불편한 느낌이 들 수 있지만 이는 자연스러운 반응이야. 슬픈 영화를 보면 눈물이 나지만 몇 시간이 지나면 괜찮아지는 것처럼 말이야. 글을 쓰고 어느 정도 시간이 지나면 분명 마음이 편안해질 거야.

감사가 너에게
행복을 가져다줄 거야

감사일기 쓰기

"생각이 변하면 행동과 습관이 변한다는 말을 실감한다."

"눈뜨면 짜증이 나기보다 포근한 이불과 베개에 감사하게 됐다."

"학생에게 감사하며 수업했더니 학생도 감사와 존경으로 보답했다."

대구 경상고등학교의 학생들과 선생님들이 3개월간 '감사일기'를 쓰고 난 소감이야.

감사일기는 말 그대로 일상생활에서 느낀 감사한 마음을 기록하는 건데, 감사일기를 쓰면 더 행복해진다는 게 과학적으로도 증명됐대.

2000년 심리학자 로버트 에먼스*Emmons* 연구팀은 대학에서 건강심리학 수업을 듣는 학생들을 세 그룹으로 나눠 10주 동안 매주 한 번씩 각자의 감정, 신체 증상, 그리고 건강과 관련된 행동을 기록하게 했어. 한 주를 돌아보며 A그룹은 감사했던 일을, B그룹은 스트레스 받았던 일을, C그룹은 특별한 지시 없이 중요했던 일을 각각 다섯 가지씩 적게 했지. 그 결과, 감사일기를 쓴 A그룹 학생들이 다른 두 그룹에 비해 현재의 삶에 더 만족했고, 미래에 대한 기대도 더 크고 낙관적으로 생각하게 됐대. 매일 운동한 시간도 더 많았고, 몸도 더 건강했지. 이들은 주로 '친구들이 도움을 줬다', '부모님께 고마움을 느낀다'라고 적었는데, 감사일기를 쓰면서 평소 당연하게 여기던 사람들의 도움과 배려를 다시 돌아보게 된 거야. 이 실험은 1999년 이뤄졌지만, 따로 소개되지는 않고 있다가 논문을 통해 소개됐어.

부정적인 감정을 긍정적인 감정으로 덮기

감사일기와 행복감 사이에는 어떤 관련이 있는 걸까? 에먼스와 미국 심리학자 마이클 메컬로프*McCullough*가 미국 대학생 157명을 대상으로 연구한 결과, 감사일기를 쓰는 사람들은 긍정 정서를 느끼게 되는데, 긍정 정서가 부정적인 정서를 상쇄하는 역할을 한 것으로 나타났대. 심리학자 바버라 프레드릭슨*Fredrickson*은 '사람은 긍정적인 감정과 부정적인 감정을 동시에 경험하기 어렵기 때문에 긍정적인 감정을 떠올리는 것만으로 부정적인 감정을 덜 느끼게 된다'고 설명했어. 행복을 느끼면서 동시에 화를 내는 경우는 흔치 않다는 걸 생각해보면 이해하기 쉬울 거야.

프레드릭슨은 1998년 레빈슨*Levinson*과 함께 미국 버클리대학교에 다니는 학생 60명에게 83초짜리 영상을 하나 보여줬어. 고층 난간에서 떨어지지 않으려고 발버둥치는 사람이 등장하는 영상을 포함해 보는 이로 하여금 공포심을 느끼게 하는 영상이었지. 이런 영상을 본 학생들은 불안감을 느끼면서 심장박동이 빨라지고 혈압이 올라갔어. 그다음 불안감에 빠진 학생들에게 각각 100초짜리 영상 네 가지 중 하나씩을 보게 했는데, A그룹은 즐거움을 유발하는 영상, B그룹은 편안한 마음을 주는 영상, C그룹은 슬픈 감정을 유발하는 영상, 그리고 D그룹은 별다른 감정을 유도하지 않는 영상을 보여주고, 각 그룹의 심장박동 및 혈압 등이 평소 수준으로 돌아오는 데까지 걸린 시간을 측정해봤대. 어느 그룹이 가장 빨리 회복됐을까? 바로, 즐거운 영상을 본 A그룹과 마음이 편안해지는 영상을 본 B그룹이었어. 회복 시간이 가장 오래 걸린 그룹은 슬픈 영상을 본 C그룹이었지.

이 실험을 통해 우리는 불안, 공포 같은 부정적인 감정을 느끼는 사람에게 긍정적인 감정을 느낄 기회를 주는 게 중요하다는 사실을 알 수 있어. 일단 긍정적인 감정을 느끼면 앞서 느낀 부정적인 감정의 효과를 줄일 수 있으니까.

감사한 일 떠올릴수록 행복은 가까이

심리학자들은 즐거움과 행복감 같은 긍정적인 감정을 많이 느낄수록 스트레스로부터 회복하는 탄력성도 높아진다고 말해. 이렇게 높아진 회복력은 다시 긍정적인 감정을 더 많이 느낄 수 있도록 돕지. 궁극적으로 행복감이 커지게 되는 거야. 감사한 일을 많이 떠올릴수록 긍정적인 감정이 생기고, 긍정적인 감정은 나쁜 감정을 잊게 하고, 스트레스로부터 회복하는 힘도 길러주니 행복감이 높아질 수 있는 거야. 감사일기는 그런 감사한 일을 떠올리게 해주는 대표적인 방법이고.

오늘부터 하루 세 개씩 감사했던 일을 적어보면 어떨까? 꼭 특별한 일이 아니어도 좋고 아주 자세히 적지 않아도 괜찮아. 물론 억지로 감사할 거리를 생각해내려는 부담을 느낄 필요는 없어. 살아 있는 하루하루에 대한 감사나 다른 사람들이 나에게 베풀어주는 수고에 대해 생각해보는 시간이면 충분해. 주변에 감사

하는 마음을 되새겨보는 감사일기가 너를 더 행복한 사람이 되게
해줄 거야.

내 아이에게 들려주는 매일 심리학

1판 1쇄 발행	2020년 9월 18일
1판 3쇄 발행	2024년 6월 28일
지은이	이동귀
발행인	황민호
본부장	박정훈
기획편집	강경양 이예린
마케팅	조안나 이유진 이나경
국제판권	이주은
제작	최택순
발행처	대원씨아이㈜
주소	서울특별시 용산구 한강대로15길 9-12
전화	(02)2071-2094
팩스	(02)749-2105
등록	제3-563호
등록일자	1992년 5월 11일

© 이동귀 2020

ISBN　979-11-362-4878-7　03590